Berechnung der Kältemaschinen

Berechnung

der

Kältemaschinen

auf Grund der Entropie-Diagramme

Von

Dipl.-Ing. Prof. P. Ostertag

Winterthur

Mit 30 Textfiguren und 4 Tafeln

Springer-Verlag Berlin Heidelberg GmbH 1913

ISBN 978-3-642-90216-1   ISBN 978-3-642-92073-8 (eBook)
DOI 10.1007/978-3-642-92073-8

Reprint of the original edition 1913

Vorwort.

Wohl wenige Gebiete der technischen Wärmelehre lassen sich in derart dankbarer Weise mit dem Entropiebegriff behandeln wie der Kälteprozeß. Seine Darstellung im Entropiediagramm erfordert wenige Linien; sie zeigen die Einflüsse der maßgebenden Größen und führen mit den einfachsten Mitteln zur Berechnung der Anlage. Als weiterer Vorteil ergibt sich eine gleichartige Entwicklung der Aufgabe, wie sie mit Erfolg bei Dampfturbinen, Verbrennungsmotoren und Kompressoren eingeführt worden ist.

Bedingung für diese Lösungsart ist das Vorhandensein praktisch brauchbarer Entropietafeln; deshalb sind der Schrift vier Tafeln für die wichtigsten Kälteträger beigelegt (Ammoniak, Kohlensäure, schweflige Säure und Wasserdampf). Damit sich die Berechnung einheitlich gestaltet, müssen alle Tafeln denselben Aufbau zeigen; zu den Entropien als Abszissen sind die absoluten Temperaturen als Ordinaten aufgetragen (TS-Diagramm von Belpaire).

Um die Benützung der Darstellungsart namentlich bei Anfängern zu fördern, ist im ersten Abschnitt das Entropiediagramm für Dämpfe eingehend erläutert, wobei die thermodynamischen Grundgesetze auf den Kältevorgang Anwendung finden.

Der zweite Abschnitt zeigt das Wesen der Dampfkompressions-Kältemaschine und die Berechnung dieser wichtigsten Gruppe mit kurzer Berücksichtigung der Nebeneinflüsse.

Im dritten Teil sind die neueren Bestrebungen zur Benützung des Wasserdampfes gesondert behandelt und die Rechnungsart des noch wenig bekannten Verfahrens entwickelt.

Da in neuerer Zeit dem Kälteprozeß durch Expansion von Luft wieder Aufmerksamkeit geschenkt wird, enthält der vierte Abschnitt die Entropiediagramme dieses Vorganges unter Benützung der früher vom Verfasser eingeführten Tafeln. Man erkennt auch in diesen Aufgaben die übersichtliche Darstellungsart aller Einflüsse.

Die vorliegenden Entropietafeln sind mit Vorteil sowohl für den Entwurf neuer Anlagen als auch für die Beurteilung der Versuchsergebnisse bestehender Einrichtungen verwendbar. Die Schrift gibt jedem technisch Gebildeten Aufschluß über eine wichtige Gruppe thermischer Maschinen, deren Behandlung für das Verständnis der Wärmevorgänge ungemein fördernd ist und daher in allen technischen Unterrichtsanstalten eingeführt zu werden verdient.

Winterthur, im Oktober 1913.

P. Ostertag.

Inhaltsverzeichnis.

I. Thermodynamische Grundlagen des Kältevorganges.

1. Einleitung.

Die Kältemaschine hat die Aufgabe die Temperatur eines Körpers unter diejenige der Umgebung zu bringen und sie auf dieser tieferen Stufe dauernd zu erhalten.

Als abzukühlende Körper kommen hauptsächlich in Betracht: die Luft in Kühlräumen und das Wasser zur Eisbildung.

Am Orte der Kältewirkung ist Wärme aus der Umgebung aufzunehmen, damit dort die tiefe Temperatur sich einstellt und erhalten bleibt, die zur Kühlung oder zur Eisbildung verlangt wird. Diese Wärme muß aus dem kalten Raume weggeschafft und nach außen abgegeben werden. Eine solche Überführung der Wärme benötigt einen „Kälteträger", der zufolge seiner tiefen Temperatur befähigt sein muß stetsfort Wärme zu empfangen. Daher ist als erstes Erfordernis im Kreislauf des Kälteträgers die Abkühlung dieses Stoffes anzusehen.

Die Erzeugung der tiefen Temperatur kann aber nicht durch Wärmeleitung geschehen, denn ein Überfließen der Wärme von einem kälteren zu einem wärmeren Körper (Kühlwasser) ist unmöglich. Die Temperatursenkung läßt sich einzig durch Umwandlung der Eigenwärme des Kälteträgers in Arbeit hervorbringen; nach dieser Bedingung richtet sich die Wahl des Stoffes. Als Kälteträger eignen sich vorzüglich Dämpfe, bei denen innere Arbeit durch Änderung des Aggregatzustandes vom flüssigen zum gasförmigen Zustand geleistet wird, die also eine große Wärme zum Verdampfen brauchen. Auch Gase, insbesondere atmosphärische Luft, können verwendet werden, bei denen die Abkühlung durch Abgabe von Expansionsarbeit nach außen bewirkt wird.

Nun zeigt die Erfahrung, daß die Überführung einer Wärme aus einer tieferen Temperatur an einen Körper mit höherer Temperatur nicht ohne Arbeitsaufwand vor sich geht. Diese „Förderung" der Wärme auf eine höhere Temperatur geschieht im Kompressor, er übernimmt die ähnliche Rolle wie eine Pumpe zur Hebung des Wassers von einem tieferen zu einem höheren Stand.

Auf der höheren Temperaturstufe gibt der Kälteträger nicht nur die eingenommene Wärme an das Kühlwasser ab, sondern zudem noch den Wärmewert der eingeleiteten Kompressionsarbeit.

Der ganze Kältevorgang besteht demnach aus vier Teilen, nämlich:

1. Erzeugung der tiefen Temperatur durch Leistung von innerer oder äußerer Arbeit;
2. Wärmeaufnahme am Orte der Kälteerzeugung (sog. Kälteleistung);
3. Förderung dieser Wärme auf eine höhere Temperaturstufe unter Arbeitsaufwand;
4. Abgabe der aufgenommenen Wärme und der in Form von Arbeit zugeführten Wärme.

Nach Beendigung dieser vier Zustandsänderungen ist der Kälteträger in den Anfangszustand zurückgekehrt und fähig, den geschlossenen Kreisprozeß von neuem zu durchlaufen.

Häufig geschieht die Wärmeaufnahme am Orte der Kälteerzeugung durch einen zweiten (sekundären) Kälteträger, der aus Sole besteht. Ein solcher leitet die aufgenommene Wärme zum ersten (primären) Kälteträger in der eigentlichen Kältemaschine.

Wird zur Erzeugung einer Kälteleistung Q_2 die Arbeit L (in mkg) benötigt, so hat der Kühler die Gesamtwärme

$$Q_1 = Q_2 + A L$$

aufzunehmen; hierin ist $\dfrac{1}{A} = 427$ mkg das mechanische Äquivalent der Wärme.

Man nennt das Verhältnis

$$\varepsilon = \frac{Q_2}{A L}$$

die Leistungsziffer. Sie gibt den Betrag an Kälteleistung an, der aus jeder Calorie der zugeführten Arbeit gewonnen wird.

Bezieht man diese drei Wärmemengen Q_1, Q_2 und $A L$ auf 1 kg des Kälteträgers, von dem das Gewicht G in der Stunde durch die Anlage fließt, so ist die stündliche Kälteleistung im ganzen

$$Q = Q_2 \cdot G.$$

Da L die eingeführte Arbeit bezogen auf 1 kg bedeutet, so beträgt der Energiebedarf in PS

$$N = \frac{G \cdot L}{75 \cdot 3600}.$$

Setzt man in diese Beziehung die obigen Gleichungen ein, so folgt

$$N = \frac{Q \cdot L}{Q_2 \cdot 75 \cdot 3600} = \frac{Q}{\varepsilon} \cdot \frac{427}{75 \cdot 3600}.$$

Hieraus erhält man die Kälteleistung bezogen auf 1 PS in der Stunde

$$k = \frac{Q}{N} = \varepsilon \cdot \frac{75 \cdot 3600}{427} = \varepsilon \cdot 632.$$

Dieser Wert ist demnach nur durch einen konstanten Faktor von der Leistungsziffer verschieden und dient statt ihr zur Beurteilung des Energieumsatzes.

2. Der vollkommene Kälteprozeß.

Bei den wärmetechnischen Vorgängen sind nicht nur die Veränderungen von Druck, Temperatur und spezifischem Volumen von Wichtigkeit, sondern auch das Wachstum einer weiteren Zustandsgröße, die von Clausius den Namen Entropie (Verwandlungswert) erhalten hat.

Der Ausgangspunkt zur Erklärung dieses Begriffes bildet die Wärme, durch deren Verwandlung die Zustandsänderung hervorgerufen wird.

Nach dem ersten Hauptsatz der Wärmelehre entsteht aus jeder wirklich in Arbeit umgesetzten Wärmeeinheit (1 Calorie) eine Menge von 427 mkg.

Nach dem zweiten Hauptsatz geschieht aber dieser Umsatz nur unter der einschränkenden Bedingung, daß die Temperatur des Wärmevorrates höher ist als diejenige der Umgebung. Die Energieabgabe ist um so größer, je größer das Temperaturgefälle ist.

Man kann daher allgemein eine solche Wärme als einen Energievorrat auffassen; er hat mit jeder anderen Energieform die gemeinsame Eigenschaft, daß er sich aus zwei Faktoren zusammensetzt. Der eine Faktor ist die Temperatur (Intensität), die dieser Wärme zugehört; er entspricht bei gespanntem Wasser dem Druck, bei elektrischem Strom der Anzahl Volt usw. Der andere Wärmefaktor wird Entropie genannt (Extensität); er entspricht der Menge des Druckwassers, der Stromstärke bei elektrischer Energie usf.

Zwei Wärmen mit denselben Temperaturen verdoppeln diese Intensität ebensowenig, wie zwei Wassermassen in gleicher Gefällshöhe; die Intensitäten lassen sich demnach nicht addieren; dagegen ist dies bei den Extensitäten der Fall (Entropie bei Wärmeenergie, Wassermenge bei hydraulischer Energie).

Jede Zustandsänderung läßt sich durch die dabei auftretenden Wärmevorgänge darstellen. Bewirkt in einem kurzen Zeitabschnitt die Wärme dQ eine Veränderung, ohne daß sich dabei die Temperatur T merklich ändert, so kann dieser eine Wärmefaktor T als Ordinate, der andere Wärmefaktor dQ/T als Abszisse aufgetragen werden (Fig. 1). Der entstandene Flächenstreifen stellt in seinem Inhalt die Wärme dQ dar. Für die Zustandsänderung von A nach B ist die Abszisse als Summe aller Breiten dQ/T der ganze Entropiezuwachs zwischen A und B. Die Summe der Flächenstreifen bedeutet die Gesamtwärme (senkrecht schraffierte Fläche), die zur Änderung des Zustandes von A nach B nötig ist; der Vorgang ist dadurch im Entropiediagramm darstellt.

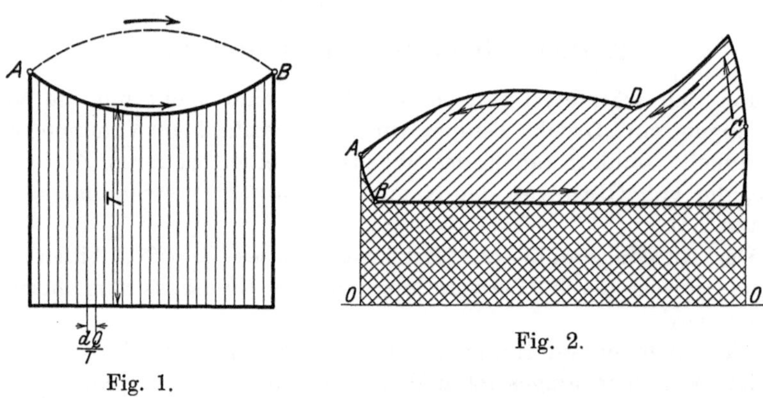

Fig. 1.

Fig. 2.

Verläuft die Zustandsänderung auf irgendeinem anderen Wege von A nach B (gestrichelte obere Linie), so wird an der Breite des Diagramms nichts geändert. Hieraus folgt, daß der Entropiezuwachs unabhängig ist von der Art der Änderung, er bedeutet demnach eine Zustandsgröße des Punktes B gegenüber dem Anfangspunkt A.

Führt man den von A nach B gelangten Körper auf demselben Wege wieder nach A zurück, so ist dieselbe Zustandsänderung im umgekehrten Sinn durchlaufen worden.

Führt man den Körper auf einem anderen Weg in denselben Anfangszustand nach A zurück, so hat er einen umkehrbaren Kreisprozeß $ABCDA$ durchlaufen (Fig. 2). Der Flächenstreifen unter dem Kurvenstück ABC ist die bei niedrigen Temperaturen zugeführte Wärme Q_2 (von links oben nach rechts unten schraffiert), der unter dem Kurvenstück CDA liegende Flächenstreifen — ebenfalls bis zur Abszissenachse OO gemessen — ist die bei höheren Temperaturen abgeführte Wärme Q_1 (von rechts oben nach links unten schraffiert). Der Unterschied $Q_1 - Q_2$ beider Wärmen ist die zum Kreisprozeß nötige Arbeit, um die Wärme Q_2 auf die höheren Temperaturen zu bringen. Diese Wärmefläche wird von den Zustandskurven allseitig eingeschlossen. Hierbei sind die Punkte A und C als Berührungspunkte der beiden äußersten Ordinaten angenommen. Man erkennt aus der Figur, daß die beiden fraglichen Wärmen dieselben Entropien besitzen, d. h. die Entropie des ganzen umkehrbaren Kreisprozesses hat keine Änderung erfahren.

Solche umkehrbaren Kreisprozesse sind Idealvorgänge, die anzustreben sind, die aber zufolge der Unvollkommenheiten der Einrichtungen nicht erreicht werden. Jeder nicht umkehrbare Teil eines Kreislaufes läßt sich auf einen Wärmeübergang durch Leitung, d. h. ohne Arbeitsverrichtung zurückführen. Ein solcher Übertritt von selbst kann aber nur von einem wärmeren zu einem kälteren Körper stattfinden; er ist also durch einen Temperaturabfall bedingt, wobei die Menge unverändert bleibt, daher muß die Entropie zunehmen. Alle Abweichungen vom idealen umkehrbaren Prozeß sind demnach mit einem Wachsen der Entropie verbunden (Wärmezerstreuung).

Eine Maschine zur Umsetzung von Energie im allgemeinen kann als vollkommen bezeichnet werden, wenn nicht nur jegliche Reibung vermieden ist, sondern wenn die Maschine während ihrer Tätigkeit nur unendlich wenig vom Gleichgewichtszustand abweicht; ihre Bewegung hält sich alsdann durch einen verschwindend kleinen Kraftüberschuß aufrecht.

Hierzu kommt bei einer vollkommenen calorischen Maschine die Bedingung, daß die im Prozeß auftretenden Wärmeübergänge bei verschwindend kleinen Temperaturunterschieden vor sich gehen können. Solche ideale Wärmeübergänge verlangen unendlich große Berührungsflächen. Jeder Übergang durch eine endlich begrenzte Fläche geschieht mit endlichem Temperaturabfall, der bei der Kraftmaschine für die Arbeitsleistung verloren geht. Bei der Kältemaschine bedeutet eine endlich begrenzte Durchgangsfläche eine Erhöhung der Temperaturstufe und damit eine Vermehrung des Arbeitsbedarfes zur Erzielung ein und derselben Kälteleistung.

Die in den calorischen Maschinen auftretenden großen Temperaturunterschiede sollen nicht durch Wärmeübergänge, sondern durch Arbeitsumsetzungen hervorgebracht werden. Ein solcher Kreisprozeß ist umkehrbar; er trägt als Kennzeichen die höchste und tiefste Temperatur, zwischen denen er sich vollzieht. Die Entropie des Körpers hat sich im Verlaufe des ganzen Prozesses dabei nicht geändert.

3. Kreisprozeß von Carnot.

Der Idealprozeß der Kältemaschine erfolgt, wenn die Wärmeübergänge ausschließlich bei diesen äußersten Temperaturen vor sich gehen, d. h. wenn die Wärmezufuhr und der Wärmeentzug bei unveränderlicher Temperatur geschieht (isothermisch).

Ferner sind die Zustandsänderungen von der einen zur anderen Temperatur einzig durch Arbeitsleistung, also ohne Wärmeübergänge zu vollziehen (adiabatisch). Dieser von Carnot aufgestellte Kreisprozeß kann in Rücksicht auf die vorliegende Verwendung wie folgt erklärt werden:

1. Zustandsänderung. Der Kälteträger befinde sich nach Abgabe der Wärme Q_1 unter dem hohen Druck p_1 und der entsprechend

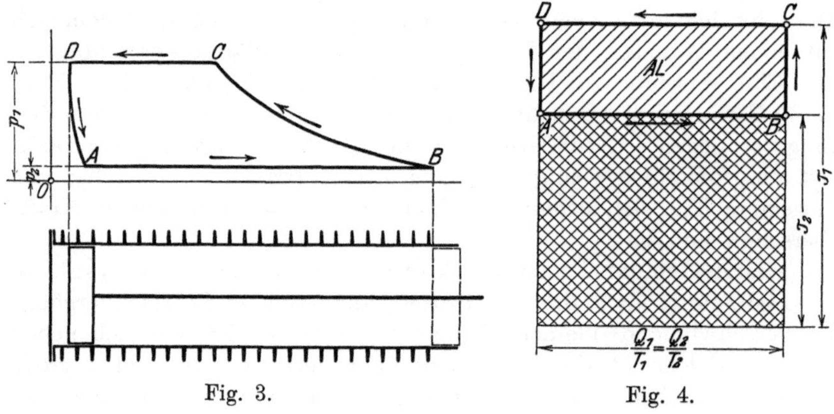

Fig. 3.   Fig. 4.

hohen Temperatur T_1 in einem Zylinderraum (Fig. 3), dessen reibungsloser Kolben — wie gezeichnet — am Hubanfang steht. Um den am meisten vorkommenden Fall zugrunde zu legen, sei der Kälteträger in dem durch Punkt D dargestellten Zustand als Flüssigkeit angenommen. Nun ist zunächst die tiefe Temperatur T_2 herzustellen, die den Kälteträger befähigt, Wärme aus der Umgebung aufzunehmen. Diese Zustandsänderung muß ohne Wärmeübergang erfolgen (adiabatisch). Es darf sich daher im Entropiediagramm (Fig. 4) keine Wärmefläche bilden. Hieraus folgt, daß dort die Adiabate als eine Normale zur Abszissenachse zu zeichnen ist. (Kurve DA in Fig. 3, Gerade DA in Fig. 4.) Bei diesem Vorgang ist der Zylinder mit einem schlechten Wärmeleiter umhüllt zu denken. Der Kolben geht etwas vorwärts und empfängt Expansionsarbeit, wobei ein Teil der Flüssigkeit verdampft.

2. Zustandsänderung. Sobald die tiefe Temperatur T_2 erreicht ist, denkt man sich den Zylinder mit dem kalt zu haltenden Körper umgeben; die Kälteleistung Q_2 wird nun dem letzteren entzogen, wobei seine Temperatur nur unmerklich höher als T_2 stehen darf. Während dieser Wärmeaufnahme bleiben Druck und Temperatur des Kälteträgers konstant, die aufgenommene Wärme wird einzig zur Verdampfung, d. h. zur inneren Arbeitsleistung verwendet und der Kolben läuft vorwärts an sein äußeres Hubende (Strecke AB, Fig. 3 und 4).

3. Zustandsänderung. Um die eingenommene Wärme Q_2 auf die höhere Temperaturstufe t_1 zu bringen, geht der Kolben zurück und verdichtet den gebildeten Dampf. Damit diese Kompression ohne Wärmeübergang stattfinde (adiabatische Linie BC), ist der Zylinder von einem Nichtleiter umhüllt zu denken.

4. Zustandsänderung. Um den Anfangszustand D wieder zu erreichen, erfolgt nun die Abgabe der Wärme Q_1. Dabei ist der Zylinder auf der Strecke CD mit Kühlwasser zu umgeben, dessen Temperatur nur unmerklich kleiner als T_1 sein darf. Diese Wärmeabgabe bewirkt die Kondensation des Dampfes; Druck und Temperatur bleiben während dieses letzten Vorganges konstant und der Kolben gelangt schließlich in seine Anfangsstellung zurück. Hierbei ist die Voraussetzung gemacht, der Dampf befinde sich zu Beginn der Wärmeentziehung im trocken gesättigten Zustand. Diese Voraussetzung kann durch frühzeitigen Beginn der Kompression erreicht werden.

Die in Fig. 3 benützte Einrichtung besteht in ihrer denkbar einfachsten Gestalt nur aus einer Kolbenmaschine, in deren Zylinder nicht nur Expansion und Kompression vor sich gehen, sondern deren Zylinderwände auch noch die Wärmeübergänge vermitteln. Eine derartige Vereinigung aller Vorgänge kann für die Erläuterung des Prinzipes dienen, ist aber für die Ausführung undenkbar.

Um den Carnotschen Kreisprozeß der Verwendbarkeit entgegenzuführen, sind für jede der vier Zustandsänderungen gesonderte Organe anzuordnen, dadurch wird im Wesen des Vorganges nichts geändert. Die adiabatische Expansion erfolgt im Expansionszylinder EZ (Fig. 5); darauf wird im Kälteentwickler (Verdampfer) V die Wärme Q_2 aus der kalten Umgebung aufgenommen; daran schließt sich die adiabatische Verdichtung im Kompressor KZ; endlich vollzieht sich im Kühler K (Kondensator) der Wärmeentzug, worauf der Prozeß von neuem beginnen kann.

Im Verdampfer V wird die Sole S abgekühlt, im Kondensator K das Kühlwasser erwärmt.

Der thermische Vorgang ist aus dem Entropiediagramm (Fig. 4) besonders deutlich ersichtlich. Die beiden Wärmen sind Rechteckflächen, ihr Unterschied ist die zum Prozeß nötige Arbeit

$$AL = Q_1 - Q_2.$$

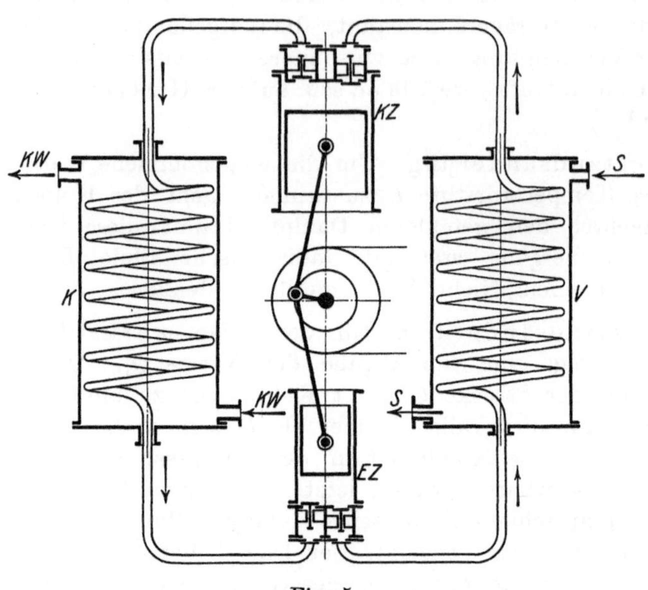

Fig. 5.

Diese Fläche wird von den vier Kurven des Kreisprozesses eingeschlossen. Da beide Rechtecke dieselbe Breite haben, ist

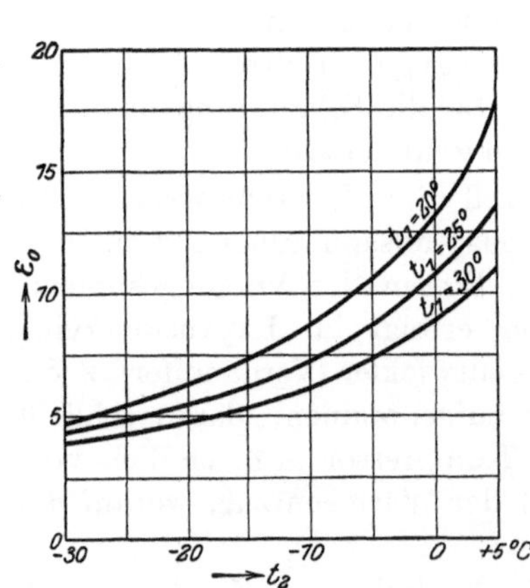

Fig. 6.

$$\frac{Q_1}{T_1} = \frac{Q_2}{T_2}.$$

Damit ergibt sich für die Leistungsziffer des Carnotschen Prozesses die Beziehung

$$\varepsilon_0 = \frac{Q_2}{AL} = \frac{T_2}{T_1 - T_2}.$$

Aus dieser Gleichung folgt:

Der Idealprozeß ist unabhängig von der Natur des Kälteträgers.

Die Leistungsziffer ist um so größer, je kleiner der Temperaturunterschied ist, um den die Wärme gefördert werden muß.

Bei allen Kälteanlagen soll demnach die Temperatursenkung nur so tief vollzogen werden, als zur Wärmeaufnahme aus der Umgebung gerade nötig ist.

Rechnet man für verschiedene Temperaturen t_1 und t_2 die Leistungsziffer aus, so erhält man das in Fig. 6 dargestellte Bild.

In derselben Weise verläuft die Kurve für die Kälteleistung k_0 bezogen auf 1 PS/St, da $k_0 = 632 \cdot \varepsilon_0$.

Man erkennt daraus, daß diese Kälteleistung selbst bei idealem Vorgang veränderlich ist, je nach der Größe der beiden Temperaturen.

4. Thermische Eigenschaften von Flüssigkeiten und Dämpfen.

Da der Dampf-Kompressionsprozeß die weitaus größte Verbreitung von allen Mitteln zur Kälteerzeugung gefunden hat, soll er in den folgenden Abschnitten eingehend behandelt werden.

Vorerst sind zum Verständnis der Aufgabe die wichtigsten Grundbegriffe über das thermische Verhalten von Flüssigkeiten und Dämpfen kurz in Erinnerung zu rufen, und zwar nur soweit, als die im „Taschenbuch der Hütte" sich vorfindenden Dampftabellen dies verlangen.

Wird einem unter Druck stehenden Körper die Wärme dQ zugeführt, so erhöht ein Teil dU die innere Energie des Körpers, der andere Teil wird bei der dabei auftretenden Ausdehnung (Volumvergrößerung dv) in äußere Arbeit zur Überwindung des Druckes p verwendet.

Die Wärmegleichung heißt daher

$$dQ = dU + Ap \cdot dv.$$

Bei Dämpfen kennzeichnet sich die Energie dU nach außen durch eine Temperaturerhöhung, bei Flüssigkeiten kann hierzu außerdem eine Änderung des Aggregatzustandes treten.

Man kann daher den Körper schon in seinem Anfangszustand, d. h. vor der Wärmezufuhr, behaftet denken mit einer inneren Energie U und einem aufgewendeten Arbeitsvermögen Apv, wenn die Ausdehnung von Volumen Null an gerechnet wird. Die letztere Annahme ist gerechtfertigt durch den Umstand, daß stets nur Energieunterschiede in Frage kommen. Man nennt deshalb allgemein

$$i = U + Apv$$

den Wärmeinhalt des Körpers.

Für eine Flüssigkeit wird die Energie u' und der Wärmeinhalt i' vom Zustand des Körpers bei der Temperatur 0^0 C an gezählt und alle Werte auf 1 kg bezogen.

Bedeutet demnach

p_0 den Druck der Flüssigkeit bei 0^0 C,
v_0' das Volumen von 1 kg bei 0^0 C (spezifisches Volumen),
v' das einem anderen Druck entsprechende Volumen der Flüssigkeit,
p den zugehörigen Druck,

so folgt nach der allgemeinen Definition für den Wärmeinhalt der Flüssigkeit

$$i' = u' + A(pv' - p_0 v_0').$$

Das zweite Glied dieser Gleichung ist nur bei flüssiger Kohlensäure von nennenswertem Einfluß; dagegen ist bei den meisten übrigen Flüssigkeiten die Volumenverschiedenheit so unbedeutend für die zur Anwendung gelangenden Pressungen, daß der zweite Betrag gegenüber dem ersten verschwindet.

Eine Haupteigenschaft der unter Druck stehenden Flüssigkeit besteht darin, daß sich bei beginnender Verdampfung eine ganz bestimmte Temperatur einstellt, die absolut konstant bleibt, bis der letzte Tropfen verdampft ist. Der Wert dieser Sättigungstemperatur ist einzig abhängig von der Höhe des Druckes.

Um die spezifische Wärme der Flüssigkeit im Grenzzustand, d. h. bei Beginn der Verdampfung zu erhalten, ist zu beachten, daß vom gegebenen Wärmeinhalt i' nur der erste seiner beiden Bestandteile die Temperaturerhöhung verursacht.

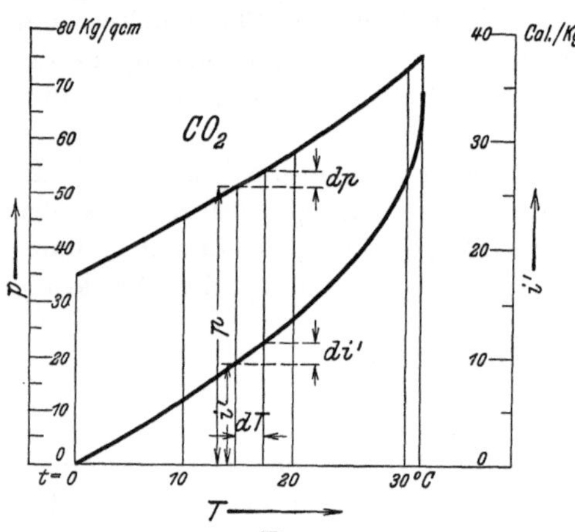

Fig. 7.

Denkt man sich die Wärmeinhalte i' sowie die Pressungen p in Funktion der Temperatur aufgetragen (Fig. 7), so ergeben die Neigungswinkel an die Kurven die verhältnismäßigen Zunahmen der Funktionen an den betreffenden Stellen. Der Differentialquotient $\dfrac{di'}{dt}$ ist der Zuwachs an Wärmeinhalt für 1^0 C; zieht man von diesem Wert den Zuwachs an geleisteter äußerer Arbeit für dieselbe Temperaturerhöhung ab, nämlich den Betrag $A v' \dfrac{dp}{dt}$, so bleibt als Rest die spezifische Wärme

$$c = \frac{di'}{dt} - A v' \frac{dp}{dt}.$$

Mit Hilfe dieses Wertes bestimmt sich die Entropie der Flüssigkeit im Grenzzustand

$$s' = \int_0^t \frac{c\,dT}{T}.$$

Um die erwärmte und unter Druck stehende Flüssigkeit in Dampf zu verwandeln, ist nur nötig, weiter Wärme zuzuführen und gleichzeitig dafür zu sorgen, daß der Druck nicht mehr steigt. Bei dieser Umsetzung von 1 kg Flüssigkeit in Dampf vergrößert sich das Volumen v' auf v'', der Wärmeinhalt von i' auf i''.

Der Unterschied der Wärmeinhalte des Dampfes und der Flüssigkeit wird Verdampfungswärme r genannt.

$$r = i'' - i'.$$

Da während der Verdampfung Druck und Temperatur konstant bleiben, beträgt die Entropie des gesättigten Dampfes

$$s'' = s' + \frac{r}{T}.$$

Für den in Kältemaschinen arbeitenden Stoff kommen von den erwähnten Größen zur Verwendung als Flüssigkeit

$$s',\ i',\ v',$$

als gesättigter Dampf $$s'',\ i'',\ v''.$$

Diese Werte finden sich für die wichtigsten Kälteträger in den Dampftabellen (Taschenbuch Hütte) zusammengestellt.

Von nebensächlicher Bedeutung für vorliegende Zwecke ist die Angabe der beiden Bestandteile, aus denen die Verdampfungswärme r zusammengesetzt ist,

$$r = \varrho + \psi,$$

wo ϱ die innere und ψ die äußere Verdampfungswärme genannt wird. Der letztere Betrag ist der Wärmewert der nach außen zu leistenden Arbeit während der Verdampfung:

$$\psi = A\,p\,(v'' - v').$$

Gelangt nicht das ganze Kilogramm zur Verdampfung, sondern nur x Gewichtsteile davon, während $1 - x$ Gewichtsteile flüssig bleiben, so nennt man das Gemisch nasser Dampf und das Verhältnis x die spezifische Dampfmenge.

Für die aufgezählten Größen gelten die Beziehungen:

$$\text{Volumen} \qquad v = v' + x\,(v'' - v'),$$
$$\text{Wärmeinhalt} \quad i = i' + x \cdot r,$$
$$\text{Entropie} \qquad s = s' + x \cdot \frac{r}{T}.$$

Ein drittes Zustandsgebiet ist der überhitzte Dampf; er entsteht durch Erwärmen über den trocken gesättigten Zustand hinaus. Sein spezifisches Volumen ist wie bei den Gasen abhängig von Druck und Temperatur und berechnet sich aus der Zustandsgleichung

$$p \cdot v = RT,$$

wo R die Gaskonstante bedeutet.

Die Erwärmung erfolgt bei konstantem Druck und erfordert die sog. Überhitzerwärme, die das Produkt aus der spezifischen Wärme c_p bei konstantem Druck mal der Temperaturerhöhung ist. Um diesen Betrag ist der Wärmeinhalt i des überhitzten Dampfes größer als derjenige des gesättigten Dampfes. Der entsprechende Entropiezuwachs beträgt

$$\int_{T_s}^{T} \frac{c_p\, dT}{T} \, ;$$

er hat demnach denselben Ausdruck wie bei der Entropie für Flüssigkeit. Hierin ist T_s die Sättigungstemperatur und T die Endtemperatur des überhitzten Dampfes, beide bei demselben Druck.

5. Die Entropietafel für Dämpfe.

Die Entropietafel gibt uns eine bildliche Darstellung der Zahlenwerte einer Dampftabelle. Sie entsteht durch Abtragen der Entropien S als Abszissen und der absoluten Temperaturen T als Ordinaten (TS-Diagramm), die gebildeten Flächenstreifen stellen somit die Wärmeinhalte dar.

Der Ausgangspunkt A (Fig. 8) kann beliebig gewählt werden; am besten nimmt man für ihn die Temperatur 0^0 C (273^0 abs.), entsprechend den Werten der Dampftabellen. Von A aus sind die Entropiewerte s' der Flüssigkeit abzutragen, und zwar für die Temperaturen über 0^0 nach rechts, für die Temperaturen unter 0^0 nach links. Dadurch erhält man die Grenzkurve A—B für die Flüssigkeit. Der Flächenstreifen unter AB stellt den Wärmeinhalt i' der Flüssigkeit dar (senkrecht schraffiert), geltend für die Änderung des Zustandes von A nach B oder umgekehrt.

Soll vom Zustande B an die Verdampfung erfolgen, so bleiben Temperatur T_s und Druck p unverändert, die Zustandsänderung verläuft daher nach der Parallelen BD zur Abszissenachse. Durch Auftragen der Entropie des Dampfes s'' bestimmt sich der Endpunkt D, der trocken gesättigten Dampf darstellt. Das Rechteck unter BD bedeutet die Verdampfungswärme r (wagerecht schraffiert), die ganze

Fläche unter dem Linienzug ABD ist daher der Wärmeinhalt i'' des Dampfes.

Wiederholt man diese Eintragungen für andere Temperaturen, so ergeben sich verschiedene Eckpunkte D und durch ihre Verbindung eine zweite Grenzkurve DC für den gesättigten Dampf (obere Grenzkurve).

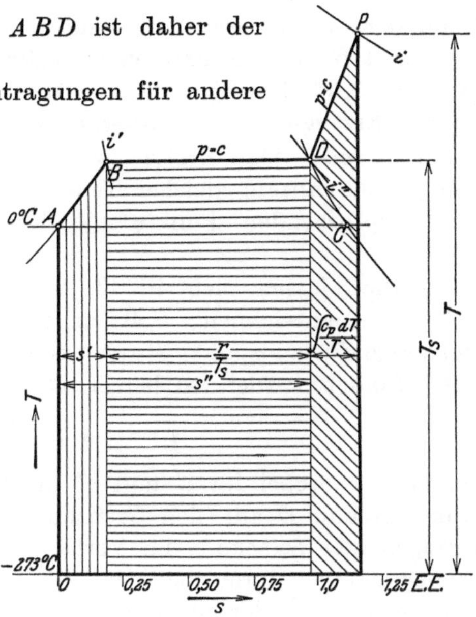

Wird der trocken gesättigte Dampf von T_s auf T überhitzt, so läßt sich dieser Zustand durch Punkte außerhalb dieser Grenzkurve einzeichnen. Dazu ist nur nötig, die Entropiewerte der Überhitzerwärme punktweise aufzutragen, um die Kurve DP zu erhalten, die dem konstanten Dampfdruck p entspricht. Der Flächenstreifen unter der Strecke DP ist die Überhitzerwärme für die Erreichung des Zustandes P aus dem Zustand D (schräg schraffiert). Damit man

Fig. 8.

nicht nötig hat, für jede Aufgabe eine Flächenausmessung vorzunehmen, kann dies für eine Anzahl Punkte zum Voraus vollzogen werden. Diese **Punkte mit gleichem Wärmeinhalt** werden durch Kurven $i = $ konst. miteinander verbunden und ihre Beträge dazugeschrieben.

Alle Punkte der Tafel innerhalb der Grenzkurven gelten für nassen Dampf. Für einen solchen Punkt P (Fig. 9) ist das Verhältnis des wagerechten Stückes PB zur ganzen Strecke DB die zum Zustand P gehörige spezifische Dampfmenge. Für den Sättigungszustand gilt der Punkt

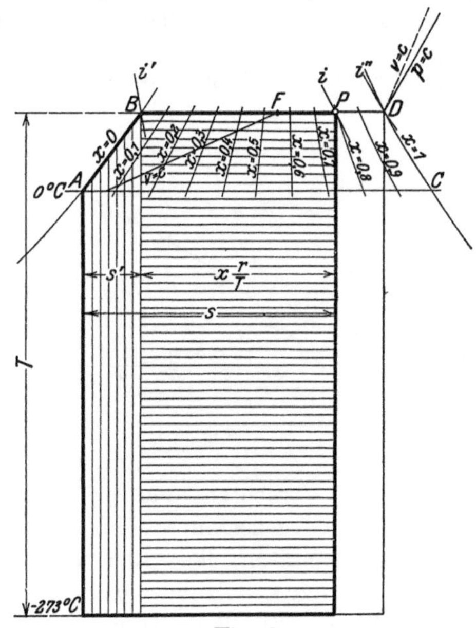

Fig. 9.

D auf der oberen Grenzkurve mit $x = 1$, für den flüssigen Zustand der Punkt B auf der unteren Grenzkurve mit $x = 0$. Das Rechteck unter PB gibt den Zuwachs $x \cdot r$ zum Wärmeinhalt i' der Flüssigkeit, der zur Erzeugung dieses nassen Dampfes nötig ist.

Teilt man jede Breite zwischen den beiden Grenzkurven in eine gleiche Anzahl gleicher Teile, so geben die Verbindungslinien der entsprechenden Punkte die Kurven konstanter Dampfmenge x.

Ferner lassen sich in die Tafel die Kurven konstanten Volumens einzeichnen. Soll zu einem gegebenen Volumen v der zugehörige Zustandspunkt F auf einer beliebigen wagerechten Geraden DB gefunden werden, so berechnet man aus der Gleichung

$$v = v' + x \, (v'' - v')$$

den Wert x, wobei für v' und v'' die bekannten Volumen der Endpunkte B und D auf den Grenzkurven eingesetzt werden. Durch Abtragen der Strecke x im Verhältnis zu BD findet sich der Zustandspunkt F, durch den die Linie konstanten Volumens läuft. Weitere Punkte derselben Kurve auf anderen Wagerechten sind durch Ausrechnen der entsprechenden Werte x auf dieselbe Weise zu erhalten. Die Linien verlaufen im Sättigungsgebiet flach. Sie lassen sich in das Überhitzungsgebiet fortsetzen unter Annahme einer spezifischen Wärme c_v bei konstantem Volumen. Da c_v kleiner ist als c_p, so sind für gleiche Temperaturzunahmen die Entropiezunahmen $\int \dfrac{c_v \, dT}{T}$ kleiner als diejenigen der Linien konstanten Druckes, daher laufen die v-Linien noch steiler als die p-Linien.

Um auch die Drücke bequem ablesen zu können, die den Temperaturen des Sattdampfes entsprechen, tragen wir die Drücke von einem beliebig gewählten Nullpunkt in der Wagerechten ab, die Temperaturen in der Senkrechten und erhalten die in Fig. 10 für Ammoniak gezeichnete Kurve. Da die Entropietafeln dieselben

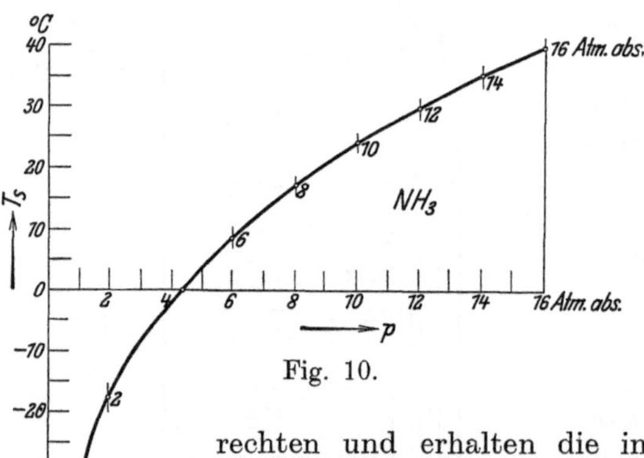

Fig. 10.

Ordinaten enthalten, läßt sich diese Tafel zur Aufzeichnung dieser $p\,t$-Linie benützen. Man schreibt dann zur Vermeidung von senkrechten Linien die Bedeutung der Abszissenstücke gerade bei den

Schnittpunkten mit der Kurve ein und gibt außerdem den Druckmaßstab an, so daß für jede Sättigungstemperatur der zugehörige Druck abgestochen werden kann.

Trägt man in die Tafel stets zunehmende Temperaturen zu den entsprechenden Entropiewerten ein, so rücken die beiden Grenzkurven einander immer näher und laufen schließlich in einem Punkt K (Fig. 11) mit wagerechter Tangente zusammen. In diesem Punkt ist die kritische Temperatur erreicht, die unterschritten werden muß, um den überhitzten Dampf überhaupt in den gesättigten und von da in den flüssigen Zustand überführen zu können. Zu dieser Temperatur gehört ein ganz bestimmter kritischer Druck.

In diesem Punkt ist die Verdampfungswärme $r = 0$; sein Wärmeinhalt fällt zusammen mit demjenigen der Flüssigkeit. Er wird dargestellt durch die Fläche unter dem Kurvenstück AK, das durch die

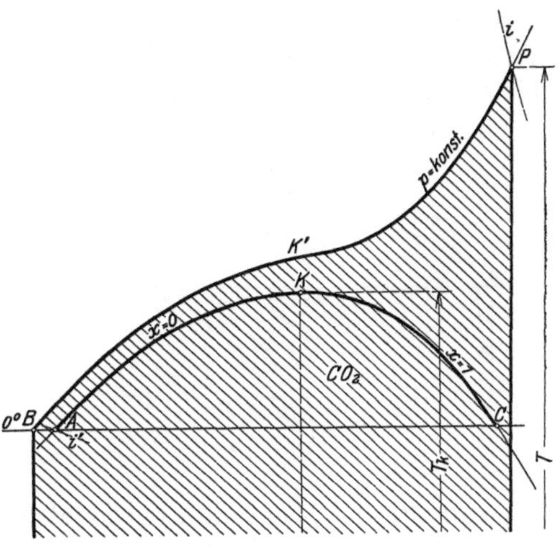

Fig. 11.

Ordinaten in A und K sowie durch die absolute Nullinie begrenzt ist.

Im ferneren kann der Zustand eines Gases trotz bedeutender Abkühlung ganz außerhalb des Sättigungsgebietes bleiben. Dies ist erreichbar durch Anwendung eines hohen Druckes und starker Überhitzung (Punkt P, Fig. 11). Erfolgt nun die Abkühlung bei konstant bleibendem Druck, so verläuft die p-Linie $PK'B$ außerhalb der Grenzkurve. Das Gas geht bei fortschreitender Temperaturabnahme allmählich in den flüssigen Aggregatzustand über, ohne die Zwischenstufe des gesättigten Dampfes durchlaufen zu haben. Diese Flüssigkeit steht alsdann unter einem höheren Druck als nötig ist, um bei der herrschenden Temperatur die Verdampfung einzuleiten.

Auch bei diesem durch Punkt P gekennzeichneten Zustand ist der Wärmeinhalt durch das Flächenstück unter dem Linienzug $BK'P$ dargestellt. Diese Wärme nimmt bei den in Frage kommenden Körpern (CO_2) einen bedeutenden Betrag an, obschon eine eigentliche Kondensation nicht eintritt, weil die spezifische Wärme in der Gegend des kritischen Punktes groß ist. Man erkennt dies aus der Gestalt der Kurve konstanten Druckes, die in der Nähe des kritischen Zustandes flach verläuft.

6. Darstellung der wichtigsten Zustandsänderungen im Entropiediagramm.

Zustandsänderung bei konstanter Temperatur. Die isothermische Zustandsänderung zeichnet sich in der Entropietafel als Parallele zur Abszissenachse. Innerhalb der Grenzkurve fällt sie zusammen mit der Kurve konstanten Druckes.

Während der isothermischen Ausdehnung von einem Anfangspunkte G (Fig. 12) zu einem Endpunkte H innerhalb des Sättigungsgebietes findet die Verdampfung statt; der stark genäßte Dampf in G ist in H nahezu trocken. Die Verdampfung geschieht in besonderem Behälter (Generator), die Arbeitsleistung im Zylinder während des Ansaugehubes des Kolbens. Für die Durchführung der Ausdehnung ist eine Wärme nötig gleich dem Unterschied $i_2 - i_1$ der

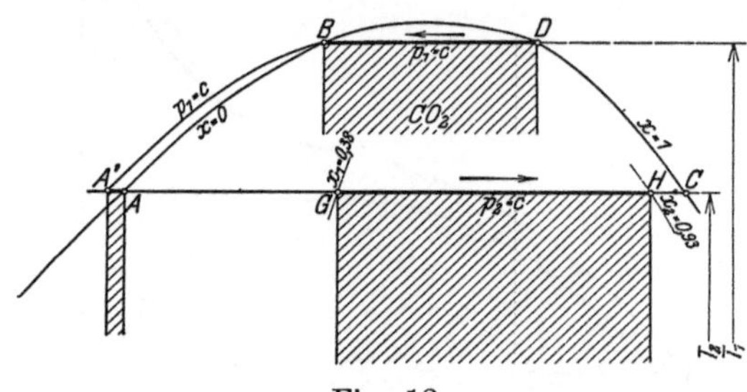

Fig. 12.

Wärmeinhalte des Endpunktes gegenüber dem Anfangspunkt. Man berechnet sie auch durch Ablesen der spezifischen Dampfmengen x_1 und x_2 am Anfang und Ende der Zustandsänderung

$$Q = i_2 - i_1 = r\,(x_2 - x_1).$$

Die nach außen geleistete absolute Dampfarbeit beträgt

$$L = p\,(v'' - v')\,(x_2 - x_1),$$

wobei der Druck stets von Null an zu zählen ist (absolut). Diesem Druck ist die Verdampfungswärme r zugehörig.

Die Umkehrung dieser Zustandsänderung ist die isothermische Verdichtung, z. B. von D nach B (Fig. 12); sie erfolgt durch Kondensation in besonderem Kühler und verlangt infolge der Volumenverminderung einen Arbeitsaufwand, der vom Kolben des Kompressors übertragen wird. Wärme und Arbeit werden in derselben Weise wie bei Expansion gefunden.

Zustandsänderung bei konstantem Druck (Isobare). Zu erwähnen ist nur noch das Verhalten außerhalb des Sättigungsgebietes, da innerhalb desselben die Isobare mit der Isotherme zusammenfällt.

Für das Überhitzergebiet rechts von der oberen Grenzkurve geben die bereits gezeichneten p-Linien den Verlauf der Zustandsänderungen an; sie sind in den beigegebenen Tafeln nicht für abgerundete Werte des Druckes eingetragen, sondern beziehen sich auf die entsprechenden Sättigungstemperaturen. Diese p-Linien laufen demnach von den Schnittpunkten der wagerechten Temperaturlinien mit der oberen Grenzkurve aus. Für die Lösung der nachfolgenden Aufgaben zeigt sich diese Einteilung von Vorteil.

Für gewisse Kälteträger gelangt auch das Gebiet links von der unteren Grenzkurve zu Bedeutung, nämlich für solche, die als Flüssigkeit eine ziemlich große Elastizität aufweisen (CO_2).

Denkt man sich die gespannte Flüssigkeit (Punkt B, Fig. 12) bei konstantem Druck abgekühlt von T_1 auf T_2, so vermindert der elastische Stoff sein Volumen, und es ist deshalb eine weitere Verdichtungsarbeit zu leisten. Der zur Temperatursenkung allein nötige Wärmeentzug ist durch die Fläche unter dem Grenzkurvenstück BA dargestellt, die ganze abzuleitende Wärme ist aber um den Wert der Kompressionsarbeit größer; daher verläuft die Zustandslinie BA' links von der Grenzkurve im Gebiet der elastischen Flüssigkeit. Man nennt eine solche Flüssigkeitsabkühlung Unterkühlung.

Soll die im Zustande A' befindliche Flüssigkeit zur Verdampfung gelangen, so ist sie zunächst vom größeren Druck p_1 auf den kleineren p_2 zu bringen, der zur Verdampfungstemperatur T_2 gehört. Der Stoff ist daher befähigt, vom Zustande A' aus als Flüssigkeit eine isothermische Expansionsarbeit zu leisten, die durch das Rechteck unter der Strecke $A'A$ dargestellt ist. Von A aus beginnt die Verdampfung.

Der Wärmeinhalt des gesättigten Dampfes vom Druck p_1 (Punkt D) ist dargestellt als Fläche unter dem Linienzug DBA', bezogen auf A' als Ausgangspunkt.

Adiabatische Zustandsänderung. Da weder Wärme zu- noch abgeführt wird, bleibt die Entropie unverändert; die Linie verläuft daher im Entropiediagramm parallel zur Ordinatenachse.

Während der adiabatischen Expansion von P nach P_2 (Fig. 13) überschreitet die Linie die Grenzkurve, und der Dampf dringt in das Sättigungsgebiet ein. Bei Kompression von P_2 nach P wird umgekehrt nasser Dampf trocken und überhitzt.

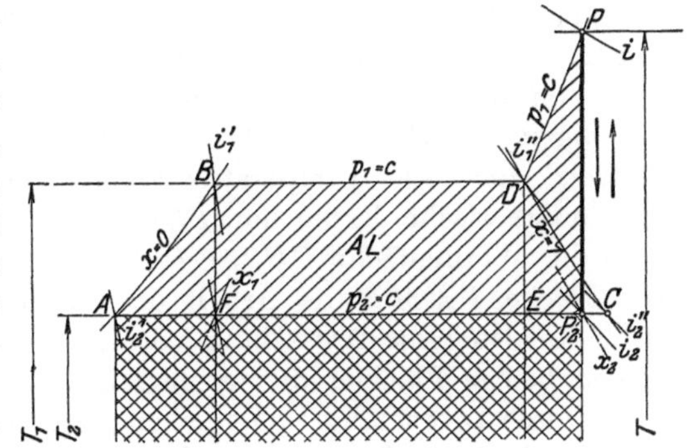

Eine adiabatische Kompression von E nach D bringt

Fig. 13.

den nassen Dampf in den trocken gesättigten Zustand, dagegen zeigt sich in der Nähe der unteren Grenzkurve das umgekehrte Verhalten: die adiabatische Kompression von F nach B bringt den stark nassen Dampf völlig zur Kondensation.

Im Punkte P am Ende der Kompression von P_2 nach P ist der Wärmeinhalt i dargestellt als Fläche unter dem Linienzug $PDBA$, am Anfang der Kompression ist der Wärmeinhalt i_2 durch das Rechteck von der Breite P_2A und der Höhe T_2 (absolute Temperatur) gebildet. Der Unterschied beider Flächen ist die Vergrößerung des Wärmeinhaltes und muß als Arbeit zugeführt worden sein:

$$AL = i - i_2.$$

Dieser Betrag bedeutet in der Figur die geschlossene Fläche $PDBAP_2P$. Für die adiabatische Expansion ist diese Arbeit nach außen abgegeben. Man erhält demnach das Gesetz:

Bei adiabatischer Zustandsänderung ist der Unterschied der Wärmeinhalte zwischen Anfang und Ende die geleistete oder aufgewendete Arbeit.

Drosselung. Eine für die Kältemaschine wichtige Zustandsänderung besonderer Art ist die Drosselung. Sie entsteht beim Durchströmen von Dampf durch eine Verengung der Leitung. Bei diesem Durchfließen wird ebenfalls keine Wärme zu- noch abgeführt, aber auch keine Arbeit geleistet. Es ist daher

$$AL = i - i_2 = 0; \qquad i = i_2.$$

Hieraus folgt:

Die Drosselung ist eine Zustandsänderung bei unveränderlichem Wärmeinhalt. Die i-Kurven in der Entropietafel sind zugleich Drosselkurven; der Kälteträger vermindert seinen Druck ohne Arbeitsabgabe. Eine solche Zustandsänderung ist nicht umkehrbar, denn es müßte Arbeit aufgewendet werden, um den Dampf in umgekehrter Richtung durch die Verengung hindurch auf den höheren Druck zurückzupressen.

Von den in Fig. 14 gezeichneten Drosselkurven liegt EF vollständig im Überhitzergebiet; im Endpunkt F ist nicht nur der Druck, sondern auch die Temperatur kleiner geworden. Wird von F aus eine adiabatische Expansion FC bis auf den Druck p_2 vollzogen, so gibt die Wärmefläche $FDJACF$ die geleistete Arbeit; dagegen stellt die Fläche $EA'ME$ die Arbeit dar, wenn die Expansion von E aus nach M, also ohne Drosselung vor sich geht. Man erkennt im Unterschied beider Flächen den großen Drosselverlust.

Durch Drosselung von trocken gesättigtem Dampf entsteht nasser Dampf (Linie DH, Fig. 14). In der Nähe der unteren Grenzkurve zeigt sich das umgekehrte Verhalten: Beim Durchlassen der gespannten Flüssigkeit durch das Regulierventil bildet sich Dampf (Linie BG), und zwar deshalb, weil der größere Wärmeinhalt der Flüssigkeit in einen Raum mit kleinerem Druck überströmt und dort seinen Überschuß zur Verdampfung abgibt. Diese Dampfbildung ist in Fig. 14 recht bedeutend, da der gewählte Stoff (CO_2) als Flüssigkeit einen großen Wärmeinhalt gegenüber demjenigen des Dampfes besitzt.

Ist die Flüssigkeit unter höherem Druck als der Verdampfungstemperatur entspricht (Punkt B'), so dehnt sich der Stoff im Drosselventil zunächst auf jenen kleineren Druck aus, ohne daß sich Dampf bildet (Linie

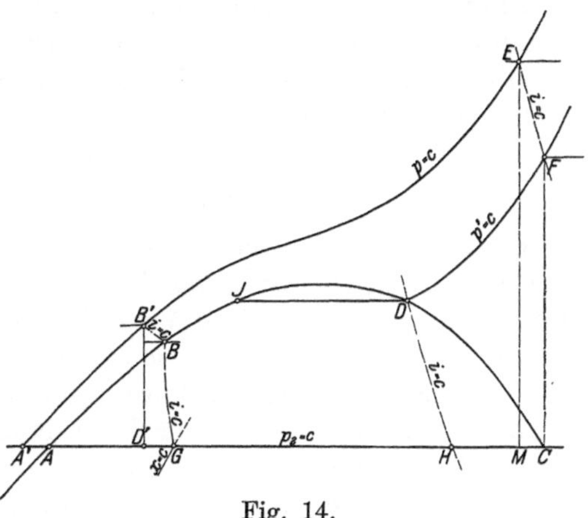

Fig. 14.

$B'B$), die weitere Drosselung auf den kleinen Druck p_2 findet alsdann unter Dampfentwicklung statt (Linie BG).

Die Senkrechte durch B' bedeutet die Adiabate $B'D'$ und die dreieckartige Fläche $B'A'D'$ die durch eine solche Expansion zu gewinnende Arbeit. Durch die Drosselung auf dem Wege $B'BG$ geht die Arbeit der adiabatischen Zustandsänderung verloren, außerdem befindet sich der Arbeitsstoff am Ende der Drosselung (Punkt G) in einem Zustande, der weniger geeignet zur Wärmeaufnahme ist; die Entropie hat um den Betrag $D'G$ zugenommen und damit die spezifische Dampfmenge, so daß weniger Wärme zur Verdampfung benötigt und aus der Umgebung aufgesogen wird.

7. Bemerkungen zu den Entropietafeln.

Um die Berechnung der Kältemaschinen mit Hilfe der Entropietafeln zu ermöglichen, sind vier Tafeln beigegeben; die Maßstäbe für Abszissen und Ordinaten sind so gewählt, daß für die meisten technischen Aufgaben eine genügende Genauigkeit erzielt wird.

Da das Verfahren mit Überhitzung stets an Bedeutung gewinnt, laufen die Kurven bis zur Ordinate 150^0 C. Die Tafeln gestatten einen übersichtlichen Vergleich der vier Kälteträger; die Unterschiede der einzelnen Zustandsgrößen lassen sich bequem überblicken und gehen überdies aus den nachfolgenden Beispielen hervor.

Die Werte für Druck, Volumen, Temperatur, Entropie und Wärmeinhalt sind aus dem Taschenbuch „Hütte" (21. Aufl.) entnommen. Über die sonstigen Verhältnisse beim Entwurf der Tafeln gelten folgende Bemerkungen.

Entropietafel für Ammoniak. Für die Aufzeichnung der Kurven konstanten Druckes im Überhitzergebiet ist die Kenntnis der spezifischen Wärme c_p nötig. Nach der „Hütte" wächst dieser Wert mit der Temperatur etwas, und zwar ist

$$t = \quad 0 \quad\quad 100 \quad\quad 200^{\,0}\,C,$$
$$c_p = 0{,}501 \quad 0{,}532 \quad 0{,}563\,.$$

Diese Beträge gelten offenbar nur für stark überhitzte Gase, dagegen zeigt c_p in der Nähe der Sättigungskurve ein anderes Verhalten. Bis jetzt ist diese Veränderlichkeit nur für Wasserdampf durch die sog. Münchner Versuche festgestellt. Die größten Werte zeigen sich an der Sättigungskurve; sie sind um so höher, je größer der Druck ist. Mit steigender Überhitzung sinkt zunächst die spezifische Wärme, um nach Erreichung eines kleinsten Betrages wieder zu steigen. Es ist anzunehmen, daß Ammoniak dasselbe Verhalten zeigt.

Benutzt man die Zustandsgleichung nach Callendar in Verbindung mit der Wärmegleichung, so ergeben sich für c_p die in Fig. 15

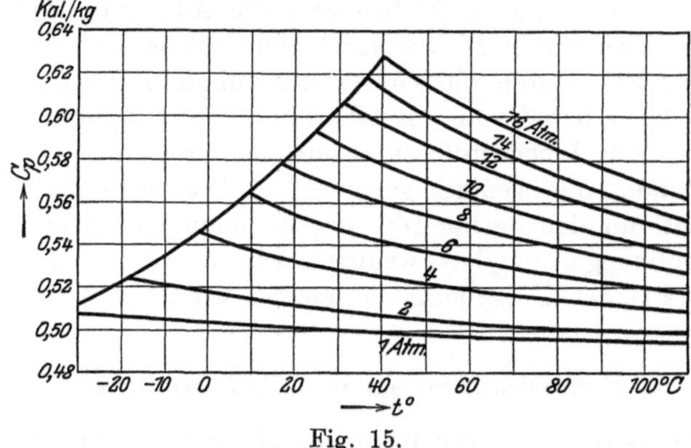

Fig. 15.

eingezeichneten Werte[1]). Sie sind für die vorliegende Aufgabe verwendet worden.

Für die v-Linien ist die spezifische Wärme bei konstantem Volumen c_v maßgebend; sie folgt aus c_p durch die Beziehung

$$c_v = c_p - A\,R\,.$$

---

[1]) Siehe Dr. J. Hybl, Wärmediagramme für Ammoniakdampf. Zeitschr. f. Eis- u. Kälteindustrie, Heft 7. Wien 1912.

Entropietafel für Kohlensäure (CO_2). Diese Tafel zeigt dieselben Maßstäbe für Abszissen und Ordinaten wie für Ammoniak und ist unter Benutzung der von Mollier bekannt gewordenen Dampfzahlen entworfen. Um die Behandlung für alle Wärmeträger einheitlich zu gestalten, sind auch hier die Temperaturen als Ordinaten aufgetragen und nicht die Wärmeinhalte, obschon zugegeben werden muß, daß die letztere Darstellungsart ebenfalls gewisse Vorteile bietet.

Die p-Linien im Überhitzergebiet gelten von 10 zu 10 Atm.; sie sind also nicht nach gleichen Intervallen der Sättigungstemperaturen geordnet, da die letzteren über den kritischen Zustand hinaus ihre Bedeutung verlieren.

Für die v-Linien sind die Angaben der „Hütte" benutzt; die eingeschriebenen Zahlenwerte bedeuten Liter auf 1 kg.

Um die Benutzung des Gebietes außerhalb der unteren Grenzkurve zu erleichtern, ist jener Teil der Tafel in doppelt so großem Abszissen- und Ordinatenmaßstab nochmals gezeichnet. Für die Kurven $i = $ konst. sind nicht nur die Wärmeinhalte i' und i'', sondern auch die Wärmeflächen in diesem Gebiete zu berücksichtigen.

Entropietafel für schweflige Säure (SO_2). Die Platzverhältnisse gestatten einen Entropiemaßstab, der doppelt so groß als in den früheren Tafeln ist. Damit aber die Zeichnung nicht wesentlich größer wird, sind die beiden Entropiewerte 0,25 und 0,75 aneinander geschoben, d. h. in der Fläche für gesättigten Dampf fehlt das Rechteck von der Breite 0,5 Entropieeinheiten. Die Brauchbarkeit der Tafel wird dadurch nicht beeinträchtigt. Die p-Linien sind hier unter der Annahme einer konstanten spezifischen Wärme von $c_p = 0,15$ gezeichnet, obschon eine ähnliche Veränderlichkeit wie bei Wasser und Ammoniak wahrscheinlich ist. Eine kleine Schwankung des Wertes hat aber auf die Rechnung keinen nennenswerten Einfluß, da die Überhitzerwärme gegenüber der anderen Wärmefläche recht unbedeutend ist[1]).

Entropietafel für Wasserdampf. Die wachsende Bedeutung des Wasserdampfes als Kältemittel verlangt zur Verfolgung der Aufgabe eine Entropietafel für tiefe Temperaturen und sehr kleine Pressungen. Der Zusammenhang zwischen diesen Größen bis zu — 20° ist festgestellt, dagegen fehlen die Wärmeinhalte für Temperaturen unter 0° C (siehe Schüle, Wärmemechanik, 2. Aufl., S. 530). Trotzdem läßt sich die Entropietafel mit einer für technische Anwendungen genügenden

---

[1]) Siehe Dr. J. Hybl, Wärmediagramme für schweflige Säure. Zeitschr. f. d. ges. Kälteindustrie 1913.

Genauigkeit zeichnen, wenn die beiden Grenzkurven nach untenzu stetig verlängert werden.

Im Überhitzergebiet sind die Drucklinien mit einer unveränderlichen spezifischen Wärme von $c_p = 0{,}48$ eingetragen. Eine genaue Bestimmung dieser Größe bei den hier auftretenden Temperaturen ist bis jetzt nicht erfolgt; für die Rechnungsergebnisse sind kleine Abweichungen von der genannten Zahl ohne irgendwelchen Einfluß, da die Überhitzerwärme bei diesen kleinen Pressungen nur einen sehr geringen Teil der Gesamtwärme ausmacht.

Im Sättigungsgebiet nimmt das spezifische Volumen mit abnehmendem Druck ungemein stark zu, wie Zahlentafel 1 zeigt.

Zahlentafel 1.

$t =$	-20	-19	-18	-17	-16	-15	-14	^{0} C
$p =$	0,00131	0,00142	0,00154	0,00167	0,00182	0,00197	0,00214	Atm. abs.
$v =$	995	920	848	782	722	667	615	cbm/kg
$t =$	-13	-12	-11	-10	-9	-8	-7	^{0} C
$p =$	0,00232	0,00251	0,00271	0,00294	0,00318	0,00343	0,00370	Atm. abs.
$v =$	568	526	486	451	418	388	359	cbm/kg
$t =$	-6	-5	-4	-3	-2	-1	0	^{0} C
$p =$	0,00399	0,00430	0,00464	0,00500	0,00538	0,00580	0,00622	Atm. abs.
$v =$	332	307	282	262	244	227	207	cbm/kg

II. Der Dampf-Kompressionsprozeß.

Die Kältemaschine mit Verdampfung der Flüssigkeit und Kompression des Dampfes zeigt eine Einrichtung, die in Fig. 16 schematisch gezeichnet ist, in der allgemein üblichen Anordnung.

Der Kompressor KZ empfängt den Kälteträger aus dem Verdampfer V (Refrigerator) und drückt ihn in den Kühler oder Kondensator K, wo er flüssig wird. Der zum vollkommenen Prozeß nötige Expansionszylinder wird weggelassen und an seine Stelle ein einfaches Regulierventil R in die Leitung zwischen Kondensator und Verdampfer eingesetzt, so daß der Druck durch Drosselung auf den kleineren Betrag vermindert wird, der im Verdampfer herrscht. Da aber die Flüssigkeit mit der höheren Temperatur plötzlich unter diesen kleineren Druck gelangt, verdampft von ihr so viel, bis die diesem Druck entsprechende tiefere Temperatur erreicht ist. Im Verdampfer kühlt sich die umlaufende Sole S ab, im Kondensator erwärmt sich das Kühlwasser KW und nimmt die Wärme mit sich

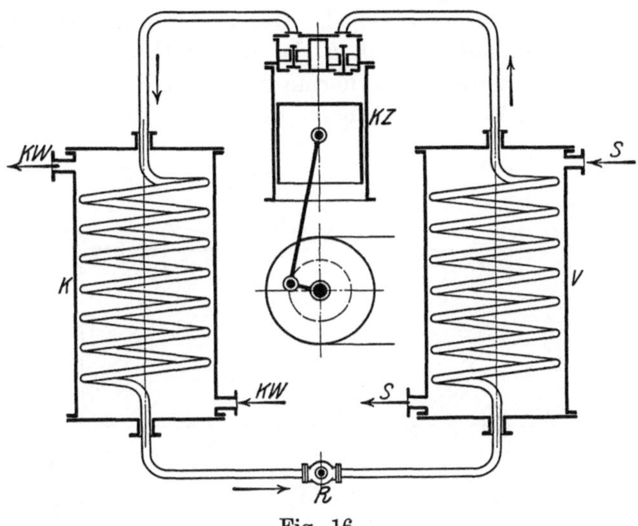

Fig. 16.

fort. Beide Flüssigkeiten bewegen sich in ihren Gefäßen im Gegenstrom zum umlaufenden Kälteträger.

Der Ersatz des Expansionszylinders durch das Drosselventil bedeutet eine bewußte Abweichung vom Carnotschen Kreisprozeß, womit allerdings eine Verminderung der Leistungsziffer verbunden ist.

8. Nasse Kompression.

Die Verdampfung geschieht bei der tiefen Temperatur T_2, dargestellt durch die Strecke GH (Fig. 17). Soll der Dampf am Ende der Kompression höchstens in den trocken gesättigten Zustand gelangen, so muß die Verdampfung frühzeitig genug aufhören, damit die Adiabate HD mit ihrem Endpunkte auf der oberen Grenzkurve anlangt. Im Ansaugezustand ist demnach der Dampf noch feucht, aus diesem Grunde wird der Vorgang nasse Kompression genannt. Die bei Beginn der Verdichtung vorhandene spezifische Dampfmenge x_2 erhält man als Verhältnis der Strecken HA zu CA. Die Bezeichnung nasser Vorgang gilt auch für den Fall, daß die Verdampfung noch früher unterbrochen wird, so daß sich die Adiabate nach links verschiebt und der Dampf am Ende der Kompression noch etwas naß ist.

Der vom Kompressor ausgestoßene Dampf mit hohem Druck p_1 und der entsprechenden Temperatur T_1 wird im Kondensator verflüssigt (Strecke DB). Kann das Kühlwasser gerade die ganze Verdampfungswärme abführen, so strömt die Flüssigkeit mit der hohen Temperatur T_1 zum Regulierventil. Die Drosselung wird als Kurve konstanten Wärmeinhaltes durch B dargestellt (Linie BG). Ihr Endpunkt G auf der unteren Isotherme zeigt den Zustand des Kälteträgers hinter dem Ventil oder beim Eintritt in den Verdampfer an.

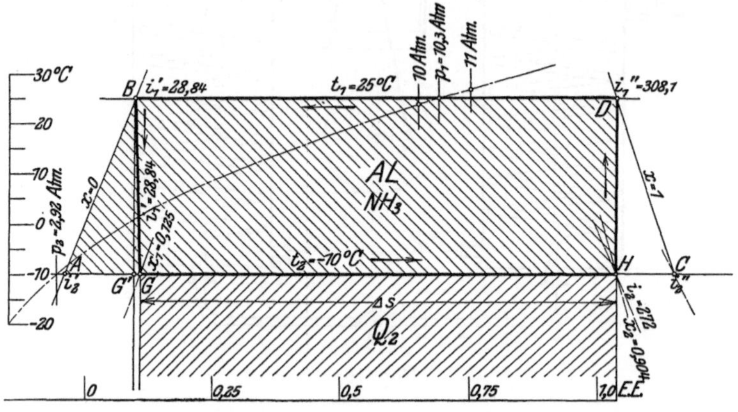

Fig. 17.

Für die Verdampfung bleibt die Isotherme GH übrig, das Rechteck unter dieser Strecke stellt demnach die Kälteleistung Q_2 dar. Sie wird als Unterschied der Wärmeinhalte der Punkte H und G gefunden:

$$Q_2 = i_2 - i_1'.$$

Man kann die Kälteleistung auch unmittelbar aus der Figur durch Abstechen der Entropie zwischen den Punkten H und G erhalten:

$$Q_2 = (\Delta S) \cdot T_2,$$

worin für T_2 die absolute Temperatur einzusetzen ist.

Statt den Wärmeinhalt des Punktes H unmittelbar abzulesen, genügt es, die dortige spezifische Dampfmenge x_2 zu bestimmen; dann ist mit der bekannten Verdampfungswärme r_2

$$i_2 = i_2' + x_2 \cdot r_2.$$

Die Kompressionsarbeit ist gegeben durch die Fläche $AHDBA$, sie wird als Unterschied der Wärmeinhalte am Ende und am Anfang der Kompression bestimmt:

$$AL = i_1'' - i_2.$$

Mit den beiden Werten Q_2 und AL ergibt sich die Leistungsziffer

$$\varepsilon = \frac{Q_2}{AL}$$

oder die Kälteleistung auf 1 PS/St

$$k = 632 \cdot \varepsilon.$$

Im Kondensator ist die Wärme abzuführen

$$Q_1 = AL + Q_2 = i_1'' - i_1' = r_1.$$

Diese drei Wärmen Q_1, Q_2 und AL gelten, wie auch die Wärmeinhalte, stillschweigend für 1 kg des Kälteträgers.

Aus dem Entropiediagramm Fig. 17 ist die Abweichung des Dampf-Kompressionsprozesses vom Carnotschen Idealvorgang deutlich ersichtlich.

Würde die tiefere Temperatur statt durch Drosselung durch adiabatische Expansion in besonderem Zylinder hervorgebracht, so würde die Kälteleistung um den Flächenstreifen unter $G'G$ vergrößert; dieser Betrag ist in Fig. 17 (für NH_3 gezeichnet) allerdings nicht groß, kann aber bei Kälteträgern mit verhältnismäßig großem Wärmeinhalt der Flüssigkeit recht bedeutend werden (z. B. bei CO_2). Ferner hat die adiabatische Expansion den Rückgewinn der im Kompressor ausgegebenen Arbeitsfläche BAG' zur Folge, so daß der Arbeitsbedarf des Idealprozesses sich auf das Rechteck $BG'HD$ beschränkt. Beide Abweichungen bewirken eine Verminderung der Leistungsziffer ε gegenüber derjenigen ε_0 des Carnotschen Prozesses; es kann daher

$$\eta = \frac{\varepsilon}{\varepsilon_0}$$

als Wirkungsgrad des Dampf-Kompressionsprozesses gegenüber dem Idealvorgang bezeichnet werden.

Beispiel: **Nasse Kompression, Ammoniak.**
Stündliche Kälteleistung $Q = 100\,000$ Cal.

Der Dampf werde im Kondensator vollständig verdichtet und fließe dem Regulierventil mit der Sättigungstemperatur $t_1 = +25^0$ C zu entsprechend einem Druck von 10,3 Atm. abs. Die untere Temperatur $t_2 = -10^0$ C entsprechend 2,923 Atm. abs. werde durch Drosseln allein erreicht (Fig. 17).

Infolge der Drosselung ist zu Beginn der Verdampfung $x_1 = 0,125$, von jedem kg Flüssigkeit ist also schon 0,125 kg in

Dampf übergegangen. Damit am Ende der Kompression trocken gesättigter Dampf entsteht, muß die Aufnahme der Kälteleistung bei $x_2 = 0{,}904$ beendet werden.

Aus dem Entropiediagramm Fig. 17 läßt sich weiter ablesen:

Wärmeinhalt am Ende der Verdampfung $\qquad i_2 = \quad$ 272,0 Cal

Wärmeinhalt am Anfang der Verdampfung $\quad i_1' = \quad$ 28,84 „

Kälteleistung auf 1 kg $\qquad Q_2 = i_2 - i_1' = \quad$ 243,16 Cal

Wärmeinhalt am Ende der Kompression $\quad i_1'' = \quad$ 308,1 „

„ „ Anfang der „ $\qquad i_2 = \quad$ 272,0 „

Kompressionsarbeit auf 1 kg $\qquad AL = i_1'' - i_2 = \quad$ 36,1 Cal

Wärme im Kondensator abzuleiten $\quad Q_1 = Q_2 + AL = \quad$ 279,26 „

Leistungsziffer $\qquad \varepsilon = Q_2/AL = \dfrac{243{,}16}{36{,}1} = \quad$ 6,74 „

Kälteleistung auf 1 PS/St $\qquad k = 632 \cdot \varepsilon = 4260{,}00$ „

Leistungsziffer nach Carnot $\quad \varepsilon_0 = \dfrac{T_2}{T_1 - T_2} = \dfrac{273 - 10}{25 + 10} = \quad$ 7,52

Wirkungsgrad gegen Carnot $\qquad \eta = \dfrac{\varepsilon}{\varepsilon_0} = \dfrac{6{,}74}{7{,}52} = \quad$ 0,895

Gewicht des Kälteträgers $\qquad G = \dfrac{Q}{Q_2} = \dfrac{100\,000}{243{,}16} = \quad$ 412 kg/St

Energiebedarf $\qquad N = \dfrac{Q}{k} = \dfrac{AL \cdot G}{632} = \dfrac{100\,000}{4260} = \quad$ 23,5 PS

Spez. Volumen beim Ansaugen $\qquad v_2 = \quad$ 0,385 cbm/kg

Ansaugevolumen $\qquad V = G \cdot v_2 = 412 \cdot 0{,}385 = \quad$ 158,5 cbm/St

Der Wert i_2 läßt sich nach Ablesen der spezifischen Dampfmenge x_2 auch aus der Gleichung berechnen

$$i_2 = i_2' + x_2\, r_2 = -11{,}1 + 0{,}904 \cdot 313{,}0 = 272{,}0 \ \text{Cal.}$$

Die Kälteleistung Q_2 erhält man auch unmittelbar als Inhalt der Rechteckfläche $(\varDelta S) \cdot T_2$ unter Berücksichtigung des Entropie-Maßstabes

$$Q_2 = 0{,}924 \cdot 262 = 243{,}16 \ \text{Cal.}$$

Das Beispiel zeigt, daß die Lösung der Aufgabe durch Ablesen weniger Werte möglich ist. Bei Berechnung des Energiebedarfes ist die Kenntnis der Abmessungen des Kompressors sowie der darin auftretenden Pressungen nicht nötig.

Wiederholt man dieses Beispiel für die anderen gebräuchlichen Kälteträger, so ergibt sich folgende Zusammenstellung, die zur Übersicht der Größenverhältnisse dient:

Zahlentafel 2.

Nasse Kompression.

$t_1 = + 25°$ $t = - 10°$ $Q = 10\,000$ Cal/St.

Kälteträger	H_2O	NH_3	SO_2	CO_2
Druck im Kondensator p_1 . . . . . . Atm. abs.	0,0320	10,308	3,96	65,4
Druck im Verdampfer p_2 . . . . . . „	0,0029	2,923	1,04	27,1
Wärmeinhalt Ende Verdampfung i_2 . . . . Cal	536,0	272,0	79,57	42,20
„ Anfang „ i_1 . . . . „	25,0	28,84	8,35	18,44
Kälteleistung auf 1 kg Q_2 . . . . „	511,0	243,16	71,22	23,76
Wärmeleistung Ende Kompression i_1'' . . . „	606,5	308,1	90,17	48,2
„ Anfang „ i_2 . . . „	536,0	272,0	79,57	42,2
Kompressionsarbeit auf 1 kg AL . . . . . „	70,5	36,1	10,6	6,0
Wärme im Kondensator abzuleiten Q_1 . . . „	581,5	279,26	81,82	29,76
Leistungsziffer ε	7,25	6,74	6,72	3,96
Kälteleistung auf 1 PS/St K . . . . Cal	4580	4260	4247	2503
Wirkungsgrad gegen Carnot η	0,964	0,895	0,893	0,527
Gewicht d. Kälteträgers G . . . . kg/St	196	412	1405	4210
Energiebedarf N . . . . PS	21,8	23,5	23,6	40,0
Spez. Volumen zu Beginn d. Kompr. v_2 cbm/kg	411	0,385	0,291	0,011
Ansaugevolumen V . . . . cbm/St	80 600	158,5	407	46,3

In bezug auf die Kohlensäure (CO_2) ist besonders zu betonen, daß die Wärmeinhalte am Ende und am Anfang der Kompression nicht der Dampftabelle (Hütte) entnommen werden können, sondern allein aus der Entropietafel abzulesen sind. Der Unterschied besteht darin, daß die Wärmefläche im Gebiet der elastischen Flüssigkeit für die Arbeitsleistung mit berechnet werden muß und im Entropiediagramm berücksichtigt ist, bei den Angaben der Dampftabelle über die Wärmeinhalte des Dampfes dagegen nicht.

Die Zahlentafel 2 ermöglicht einen bequemen Vergleich der vier Kälteträger untereinander und zeigt die Verschiedenheit ihres Verhaltens.

Dem Idealprozeß von Carnot kommt der Wasserdampf am nächsten, er eignet sich somit vorzüglich für nassen Vorgang. Im Gegensatz hierzu steht die Kohlensäure mit der weitaus kleinsten Leistungsziffer. Damit darf man aber keinen Schluß auf die Verwendbarkeit dieses Stoffes im allgemeinen ziehen, sondern es ist nur festgestellt, daß sich CO_2 nicht für nasse Kompression mit der im Beispiel gemachten Voraussetzung (ohne Unterkühlung) eignet. Der Grund dieser Erscheinung liegt darin, daß CO_2 einen großen Wärmeinhalt der Flüssigkeit besitzt, der in den Verdampfer mitgebracht wird, so daß für die Kältewirkung nicht mehr viel übrigbleibt.

Die gefundene hohe Leistungsziffer des Wasserdampfes wird bei seiner tatsächlichen Verwendung stark vermindert durch die besonderen Einrichtungen, die zur Förderung der ungemein großen Dampfvolumen nötig werden und die den Wirkungsgrad herabdrücken. Diese Verhältnisse sollen in einem besonderen Abschnitt behandelt werden.

Durch Vergleichung der Pressungen zeigt sich, daß Wasserdampf nur in hohem Vakuum arbeitet, Kohlensäure dagegen mit sehr großen Drücken. Im Ammoniak-Zylinder herrschen ungefähr Pressungen wie in einer Dampfmaschine ohne Kondensation; bei schwefliger Säure sind sie kleiner; sobald im Verdampfer eine Temperatur von weniger als -10^0 C verlangt wird, entsteht in jenem Raum ein kleines Vakuum, dann ist der SO_2-Zylinder vor eintretender Luft sorgfältig zu schützen.

In umgekehrter Weise verhalten sich die Volumen der einzelnen Stoffe. Um einen Überblick über die Größenverhältnisse zu erhalten, sind in der Zahlentafel Gewichte und Volumen des Kälteträgers eingetragen, berechnet für eine Kälteleistung von $Q = 100\,000$ Cal/St, ferner die Betriebsarbeit in PS. Die letztere ist als theoretischer Energiebedarf anzusehen, da vorläufig verlustfreie adiabatische Kompression vorausgesetzt ist.

9. Trockene Kompression.

Wird die Verdampfung der Flüssigkeit derart ausgedehnt, daß während der Kompression das Sättigungsgebiet überschritten wird, so heißt der Vorgang trockene Kompression. Die Verdampfung darf im Grenzfall so weit geführt werden, bis alle Flüssigkeit verschwunden ist, $x = 1$; dann saugt der Kompressor gesättigten Dampf an und überhitzt ihn bei der Verdichtung sofort (Strecke CP, Fig. 18). Im Betrieb erreicht man diesen Vorgang durch Verengung des Regulierventils, wobei die durchtretende kleinere Flüssigkeitsmenge mehr zur Verdampfung herangezogen wird, damit sie dieselbe Kühlwirkung zu erreichen vermag.

Die Kälteleistung Q_2 ist wie bei nasser Kompression dargestellt durch die Rechteckfläche unter GC; die Betriebsarbeit AL ergibt sich auch hier als Unterschied der Wärmeinhalte der Punkte P und C am Ende und am Anfang der Verdichtung. Die Summe beider Wärmen Q_2 und AL muß vom Kondensator abgeführt werden.

Aus dem Entropiediagramm ist ersichtlich, daß die Kälteleistung Q_2 bezogen auf 1 kg des Kälteträgers größer ausfällt als bei nasser Kompression. Dagegen wächst auch der Arbeitsbedarf, und es ist daher ein Vorteil aus dem Diagramm nicht einzusehen.

Im Gegenteil bedeutet die Überhitzung eine weitere Abweichung vom Idealvorgang und läßt eine Verminderung der Leistungsziffer erwarten. Trotzdem ist der nasse Kompressionsvorgang in neuerer Zeit nur noch bei kleinen Anlagen in Gebrauch; selbst dann wird eine kleine Überhitzung zugelassen, um sicher zu sein, daß der Dampf am Ende der Kompression nicht etwa noch feucht ist. In letzterem Fall würde die Kälteleistung vermindert ohne entsprechende Vorteile entgegenzunehmen.

Die Vorteile des trockenen Vorganges sollen bei Besprechung des wirklichen Prozeßverlaufes erklärt werden, da sie durch den praktischen Betrieb hervorgerufen sind.

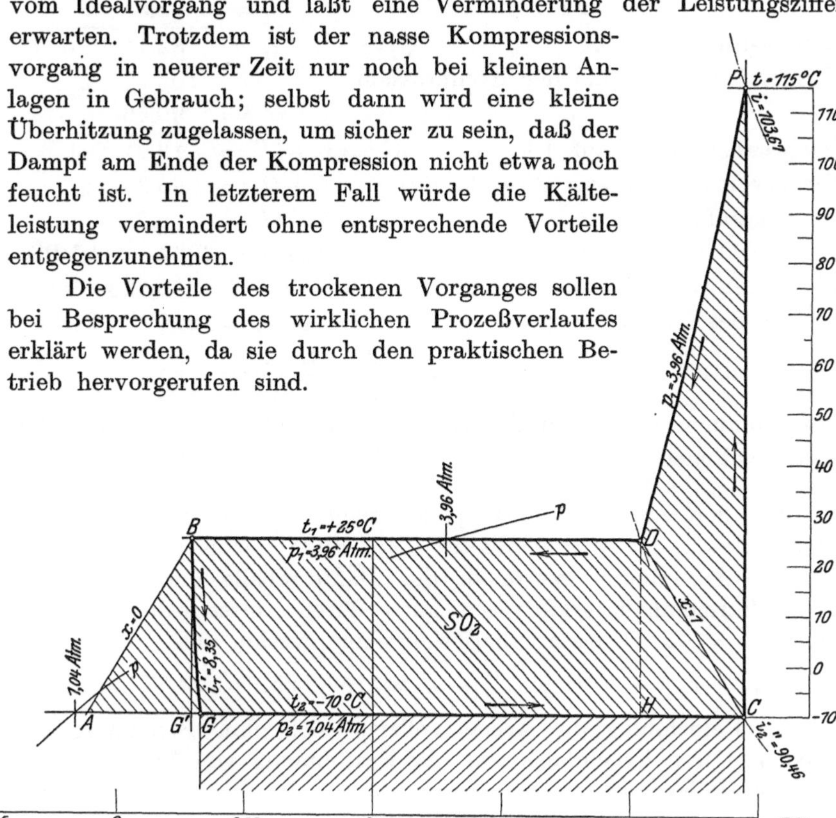

Fig. 18.

Beispiel: **Trockene Kompression, schweflige Säure.**

Stündliche Kälteleistung: $Q = 100\,000$ Cal.

Die Flüssigkeit fließe aus dem Kondensator mit der Sättigungstemperatur $t_1 = +25^0$ zum Regulierventil; die Abkühlung auf $t_2 = -10^0$ werde demnach lediglich durch Drosselung bewirkt, so daß bei Beginn der Kältewirkung bereits eine Verdampfung stattgefunden hat, $x_1 = 0,124$.

Die Kältewirkung werde durch entsprechendes Einstellen des Regulierventils bis zum völligen Verschwinden der Flüssigkeit fortgesetzt, der Kompressor sauge demnach trocken gesättigten Dampf an.

Aus dem Entropiediagramm Fig. 18 kann abgelesen werden:

Wärmeinhalt am Ende der Verdampfung	$i_2'' =$	90,46 Cal
„ „ Anfang „ „	$i_1' =$	8,35 „
Kälteleistung auf 1 kg	$Q_2 = i_2'' - i_1' =$	82,11 Cal
Wärmeinhalt am Ende der Kompression	$i =$	103,67 „
„ „ Anfang „ „	$i_2'' =$	90,46 „
Kompressionsarbeit auf 1 kg	$AL = i - i_2'' =$	13,21 Cal
Wärme vom Kondensator abzuführen	$Q_1 = AL + Q_2 =$	95,32 „
Leistungsziffer	$\varepsilon = Q_2/AL =$	6,22
Kälteleistung auf 1 PS	$k = 632 \cdot \varepsilon = 3930$	Cal/PS
Wirkungsgrad gegen Carnot	$\eta = \varepsilon/\varepsilon_0 =$	0,828
Gewicht des Kälteträgers	$G = Q/Q_2 = 1220$	kg/St
Energiebedarf	$N = \dfrac{Q}{k} = \dfrac{AL \cdot G}{632} = 25,4$	PS
Spez. Volumen zu Beginn der Kompression	$v_2'' =$	0,33 cbm/kg
Ansaugevolumen	$V = G \cdot v_2'' = 403$	cbm/St.

Wie der Gang dieses Beispieles zeigt, ist die ganze Aufgabe durch Ablesen des Wärmeinhaltes i am Ende der Kompression gelöst, da die anderen Werte in der Dampftabelle enthalten sind. Dieser Wärmeinhalt ergibt sich auch durch Ablesen der Endtemperatur $t = 115^0$ C der adiabatischen Kompression aus

$$i = i_1'' + c_p \left(t - t_2\right) = 90,17 + 0,15 \left(115 - 25\right) = 103,67 \ \text{Cal/kg}.$$

Die Berechnung der Arbeit vollzieht sich ohne Benutzung der Pressungen und ist einfacher als die Bestimmung von Potenzen mit gebrochenen Exponenten.

Die Leistungsziffer ist naturgemäß kleiner ausgefallen als bei nasser Kompression unter sonst gleichen Umständen. Allein es müssen auch die jetzt behandelten Prozesse als theoretische aufgefaßt werden, von denen der wirkliche Vorgang abweicht, und zwar zugunsten des trockenen Verlaufes.

Wiederholt man dieses Beispiel für die anderen Stoffe, so ergibt sich Zahlentafel 3.

Zahlentafel 3.

Trockene Kompression.

$x_2 = 1 \qquad t_1 = +25^0 \qquad t_2 = -10^0 \qquad Q = 100\,000$ Cal.

Kälteträger		H_2O	NH_3	SO_2	CO_2
Druck im Kondensator p_1 . . . . Atm. abs.		0,0320	10,308	3,96	65,4
Druck im Verdampfer p_2 . . . . „		0,0029	2,923	1,04	27,1
Wärmeinhalt Ende Verdampfung i_2'' . . . Cal		589,0	301,9	90,46	56,5

Zahlentafel 3 (Fortsetzung).

Kälteträger	H_2O	NH_3	SO_2	CO_2
Wärmeinhalt Anfang Verdamqfung i_1' . . . Cal	25,0	28,84	8,35	18,44
Kälteleistung auf 1 kg Q_2 . . . . „	564,0	273,06	82,11	38,06
Wärmeinhalt Ende Kompression i . . . . . „	675,9	344,1	103,67	65,2
„ Anfang „ i_2'' . . . . „	589,0	301,9	90,46	56,5
Kompressionsarbeit AL . . . . „	86,9	42,2	13,21	8,7
Wärme im Kondens. abzuleiten Q_1 . . . . „	650,9	315,26	95,32	46,76
Leistungsziffer ε	6,49	6,47	6,22	4,37
Kälteleistung auf 1 PS K . . . . Cal	4100	4090	3940	2760
Wirkungsgrad gegen Carnot η	0,863	0,860	0,828	0,582
Gewicht d. Kälteträgers G . . . . kg/St	177,5	367	1220	2630
Energiebedarf N . . . . PS	24,4	24,45	25,4	36,3
Spez. Volumen Anfang Kompr. v_2'' . . cbm/kg	451	0,4247	0,33	0,01426
Ansaugevolumen V . . . . cbm/St	80 000	156	403	38,5
Temperatur Ende Kompression t . . . . . . °C	170	89,5	115	58

10. Unterkühlung.

Bei den bisherigen Betrachtungen wurde angenommen, der Kühler vermöge nur die Kondensation herbeizuführen, nicht aber die Temperatur der Flüssigkeit unter diejenige des Sättigungszustandes herabzusetzen, so daß der ganze, dem Kondensatordruck entsprechende Wärmeinhalt der Flüssigkeit in den Verdampfer getragen wird.

Man kann nun eine Vergrößerung der Kälteleistung erzielen, wenn das Kondensat vor dem Eintritt in das Regulierventil auf eine kleinere Temperatur t' abgekühlt wird, die möglichst nahe an der Temperatur im Verdampfer liegen soll.

Diese bei konstantem Druck vor sich gehende Unterkühlung bringt demnach die Temperatur auf einen tieferen Betrag, als dem Sättigungsdruck im Kondensator entspricht. Die Zustandskurve BE (Fig. 19) liegt für elastische Flüssigkeiten links von der unteren Grenzkurve. Dies ist der Fall bei Verwendung von Kohlensäure (CO_2), für die in Betracht fallenden anderen Stoffe darf die p-Linie BE mit der Grenzkurve zusammenfallend angenommen werden.

Die Drosselkurve $EE'G$ ist eine solche konstanten Wärmeinhaltes. Würde die Unterkühlung unterbleiben, so wäre die Drosselkurve durch den Punkt B zu legen, Linie BF, die Kälteleistung würde dadurch um das Rechteck unter der Strecke GF verkleinert. Das Diagramm gibt also den Nutzen der Unterkühlung deutlich an, der besonders groß bei CO_2 ist. Die Kompressionsarbeit auf 1 kg

Kälteträger wird durch die Unterkühlung nicht beeinflußt, dagegen erhöht sich die Leistungsziffer.

In der Ausführung läßt sich die Unterkühlung dadurch erzielen, daß das Kühlwasser im Gegenstrom durch den Kondensator läuft, so daß das eintretende kalte Wasser den bereits kondensierten Kälteträger abzukühlen vermag. Bei großen Anlagen werden besondere Flüssigkeitskühler eingeschaltet.

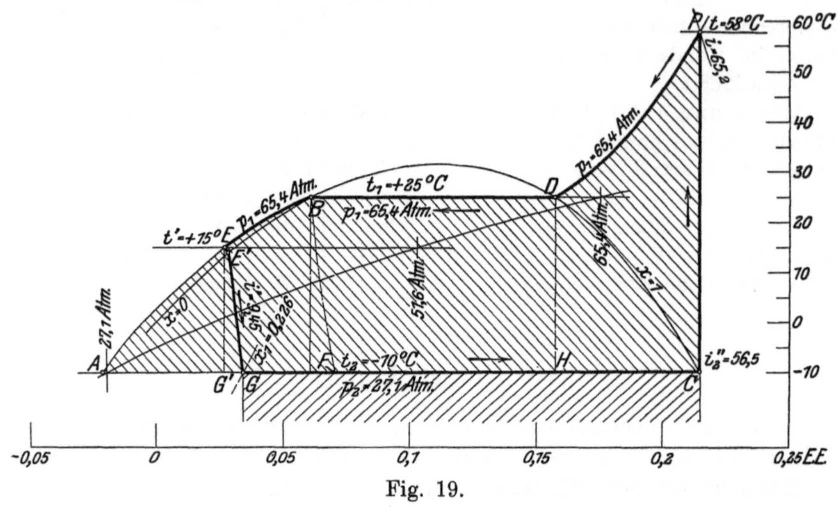

Fig. 19.

Beispiel: Rechnet man die Aufgabe unter Annahme sonst gleicher Verhältnisse wie im vorigem Beispiel für die vier Kälteträger durch mit einer Unterkühlung auf $t' = + 15^0$ C, so ergeben sich folgende Werte:

Zahlentafel 4.

Trockene Kompression, Unterkühlung.

$x_2 = 1 \qquad t_2 = - 10^0$ C $\qquad t_1 = + 25^0$ C $\qquad t' = + 15^0$ C.

Kälteträger	H_2O	NH_2	SO_2	CO_2
Wärmeinhalt Ende Verdampfung i_2'' . . . Cal	589,0	301,9	90,46	56,5
„ Anfang „ i' . . . . „	15,0	17,13	4,92	9,45
Kälteleistung auf 1 kg Q_2 . . . . „	574,0	274,77	85,54	47,05
Kompressionsarbeit AL . . . . „	86,9	42,2	13,21	8,7
Wärme im Kond. abzuleiten Q_1 . . . . . „	661	326,97	98,75	55,75
Leistungsziffer ε	6,61	6,75	6,51	5,41
Kälteleistung auf 1 PS/St . . . . „	4177	4266	4110	3420
Wirkungsgrad gegen Carnot	0,875	0,897	0,866	0,72
Gewinn an Leistungsziffer durch Unterkühlung v. H.	1,85	4,3	4,7	23,8

Die Zahlentafel 4 zeigt, daß die Leistungsziffern der drei erstgenannten Stoffe nur ganz unbedeutend voneinander abweichen. Bei Wasserdampf hat die Unterkühlung nur wenig Wert, bei Ammoniak vergrößert sie die Leistungsziffer schon so viel, daß dieser Stoff an erste Stelle tritt. Am größten ist der Gewinn an Kälteleistung auf 1 PS durch Unterkühlung bei CO_2; dadurch erst wird dieser Stoff zur Anwendung geeignet, obschon seine Leistungsziffer immer noch nicht den hohen Wert der anderen Stoffe erreicht. Für die Beurteilung der Kälteträger ist aber die Leistungsziffer nicht allein maßgebend, sondern es sind bei einem Wettbewerb noch andere Unterschiede bzw. Vorteile in Betracht zu ziehen.

Das Diagramm Fig. 19 zeigt ferner den Vorteil in der Anwendung trockener Kompression für Kohlensäure. Bei nassem Vorgang (Adiabate HD) würde die Kälteleistung nur der Strecke GH statt der Strecke GC entsprechen.

11. Kälteprozeß außerhalb des Sättigungsgebietes.

Wendet man als Kälteträger einen Stoff an, dessen kritische Temperatur verhältnismäßig tief liegt, so kann es leicht vorkommen, daß die Abkühlung des verdichteten Gases nicht mehr imstande ist, eine Kondensation einzuleiten. In Fig. 20 ist dieser Fall für Kohlensäure gezeichnet. Die Adiabate CP erhebt den Stoff über den kritischen Zustand; im Kühler verläuft die Zustandsänderung PE bei konstantem Druck vollständig außerhalb der Grenzkurve, und die Temperatur sinkt von t auf den Wert t' des ankommenden Kühlwassers, ohne daß das Sättigungsgebiet durchlaufen wird.

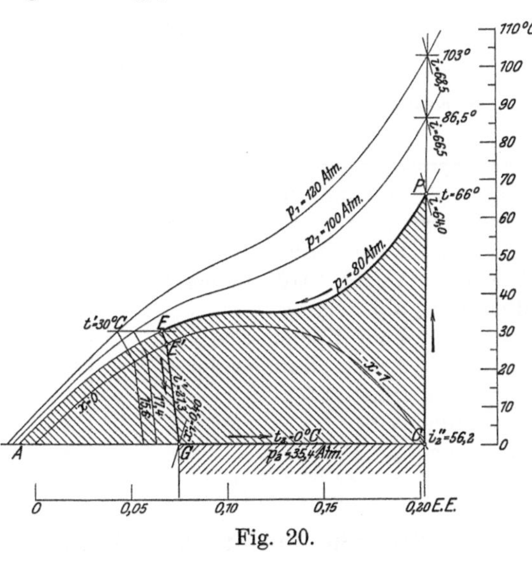

Fig. 20.

Die Kompressionsarbeit ist wieder der Unterschied der Wärmeinhalt am Ende und am Anfang der Kompression:

$$A L = i - i_2 .$$

Zur Bestimmung dieser Arbeit läßt sich die schraffierte Fläche mit dem Planimeter umfahren, falls die Wärmeinhalte der Punkte P und C nicht abgelesen werden können.

Die Drosselkurve $EE'G$ ist eine gebrochene, und zwar stellt das Stück EE' die Drosselung der Flüssigkeit auf den Sättigungsdruck dar, von dem aus die Dampfbildung beginnen kann. Von E' nach G erfolgt die Drosselung auf den Druck p_2 im Verdampfer. Auf der Strecke GC findet die Verdampfung statt, und es stellt wie früher das Rechteck unter GC die Kälteleistung Q_2 dar. Will man Q_2 vergrößern, so ist die Endspannung der Kompression zu erhöhen. Dadurch wächst aber der Arbeitsbedarf stärker, so daß die Leistungsziffer sinkt. Immerhin läßt sich auf diese Weise eine Kältewirkung selbst mit recht warmem Kühlwasser erzielen.

Beispiel: In Fig. 20 ist das Entropiediagramm für CO_2 gezeichnet unter Annahme einer Endtemperatur im Kühler von $t' = 30^0\,C$ und einer Temperatur im Verdampfer von $t = 0^0\,C$, entsprechend einem Druck von $p_2 = 35{,}4$ Atm. abs. Es ist trockene Kompression vorausgesetzt und die Rechnung mit fünf verschiedenen Enddrücken p_1 im Kondensator durchgeführt.

Aus dem Entropiediagramm lassen sich folgende Werte ablesen:

Zahlentafel 5.

Trockene Kompression, CO_2.

Wärmeentzug außerhalb des Sättigungsgebietes.

$x_2 = 1 \qquad t_2 = 0^0\,C \qquad t' = 30^0\,C$

Enddruck der Kompression . . Atm. abs.	80	90	100	110	120
Wärmeinhalt Ende Verdampfung i_2'' . Cal	56,2	56,2	56,2	56,2	56,2
Wärmeinhalt Anfang Verdampfung i' . „	21,3	19,0	17,4	16,5	15,6
Kälteleistung auf 1 kg Q_2 . . . . . . „	34,9	37,2	38,8	39,7	40,6
Wärmeinhalt Ende Kompression i . . „	64,0	65,5	66,5	67,5	68,5
Wärmeinhalt Anfang Kompression i_2'' „	56,2	56,2	56,2	56,2	56,2
Kompressionsarbeit AL . . . . „	7,8	9,3	10,3	11,3	12,3
Leistungsziffer ε . . . . „	4,47	4,0	3,76	3,51	3,3
Kälteleistung auf 1 PS k . . . . . . „	2830	2528	2380	2220	2086

12. Der wirkliche Verlauf des Dampf-Kompressionsprozesses.

Die bisher durchgeführten Rechnungen nehmen keine Rücksicht auf Nebenerscheinungen, die ungünstig auf den Kälteprozeß wirken. Die berechnete theoretische Kälteleistung wird durch folgende Verluste vermindert:

a) Einfallende Wärme. Der Verdampfer und die Saugleitung des Kompressors sind nicht wärmedicht, sondern nehmen im Gegenteil von außen fortwährend Wärme auf, wodurch die eigentliche Kälteleistung beeinträchtigt wird. Für den Entwurf ist deshalb diese Netto-Kälteleistung um einen entsprechenden Betrag zu vergrößern und die Anlage auf die Brutto-Kälteleistung zu berechnen. An ausgeführten Anlagen wird gewöhnlich die Brutto-Kälteleistung gewährleistet und bei Abnahmeversuchen gemessen.

b) Einfluß der Zylinderwandungen. Im Verlauf der Kompression steigt mit der Temperatur des arbeitenden Stoffes auch diejenige der Zylinderwandungen; die Wandungen geben daher während des Ansaugehubes und im unteren Teil der Kompression Wärme an den Dampf ab. Ein solcher Wärmeübergang bedeutet einen Verlust, da er nicht von der Kühlwirkung herrührt.

Bei „nassem“ Vorgang bewirkt diese von den Zylinderwandungen einfallende Wärme eine schädliche Trocknung des Dampfes; sie wird befördert durch den Umstand, daß der Flüssigkeitsgehalt der Mischung nicht gleichmäßig im Dampf verteilt ist, sondern sich während des Ansaugens an den Zylinderwandungen niederschlägt. Die nassen Wandungen bilden daher gute Wärmeleiter für diese schädlichen Übergänge.

Der „trockene“ Vorgang zeigt zwar größere Temperaturunterschiede während der Kompression; trotzdem ist der Wärmeübergang von den Wandungen an den Dampf geringer als bei nassem Vorgang infolge der geringeren Leitungsfähigkeit des überhitzten Dampfes. Da häufig nicht die ganze durch das Regulierventil eingetretene Flüssigkeit zur Verdampfung gebraucht wird, so würde der Kolben in diesem Falle nassen Dampf ansaugen $(x_2 < 1)$ und die Wandungen anfeuchten. Dies läßt sich leicht vermeiden durch Einschalten eines Flüssigkeitsabscheiders in die Saugleitung, dann gelangt nur trockener Dampf in den Kompressor. Die abgeschiedene Flüssigkeit leitet man zweckmäßig zum Verdampfer, wo sie nützlich ist. Dort sind die feuchten Wände von Vorteil, da sie die Einnahme der Kälteleistung erleichtern. Es ist überhaupt dafür zu sorgen, daß eine möglichst gleichmäßige und vollständige Überflutung des Verdampfers durch die Flüssigkeit stattfindet, dagegen soll der Kompressor nur Dampf und keine Flüssigkeit empfangen.

c) Einfluß des schädlichen Raumes. Der Zylinderraum zwischen Deckel und Kolben in seiner Totstellung ruft im allgemeinen dieselben Abweichungen hervor, wie bei den Kolbenkompressoren für Luft oder sonstige Gase. Sie bestehen der Hauptsache nach darin, daß das vom Kolben beschriebene Volumen nicht vollständig zum

3*

Ansaugen verwendet wird. Das Verhältnis des Ansaugevomluens zum entsprechenden Kolbenvolumen nennt man Liefergrad λ, der stets kleiner als 1 ist und im übrigen von der Größe des schädlichen Raumes sowie vom Druckverhältnis abhängt.

Bei nassem Vorgang bleibt am Ende des Ausstoßens noch etwas Flüssigkeit im schädlichen Raum zurück; während der darauffolgenden Expansion beim Vorwärtsgang des Kolbens verdampft diese Flüssigkeit und vergrößert das Endvolumen der Expansion ganz bedeutend, so daß für das nun beginnende Ansaugen wenig Raum mehr übrigbleibt. Dadurch wird der Liefergrad empfindlich herabgesetzt, es kann sogar bei genügend nassem Vorgang das Ansaugen ganz aufhören.

Bei trockenem Vorgang befindet sich am Ende des Ausstoßens im schädlichen Raum nur Gas, das durch seine nahezu adiabatische Expansion den Liefergrad nur wenig verkleinert, namentlich wenn der Zylinder einen kleinen schädlichen Raum aufweist. Der trockene Vorgang ist daher auch in Hinsicht auf den schädlichen Raum ganz wesentlich im Vorteil.

Zur Bestimmung des Liefergrades für trockenen Vorgang darf mit genügender Genauigkeit angenommen werden, die Zylinderräume seien proportional den entsprechenden spezifischen Volumen in denselben. Ist nun s_0 das Volumen des schädlichen Raumes und s'' das Expansionsvolumen (Fig. 22), ferner v_d und v_f die am Ende des Ausstoßens (Punkt D) und am Ende der Expansion (Punkt F) herrschenden Volumen auf 1 kg, so folgt

$$\frac{s_0 + s''}{s_0} = \frac{v_f}{v_d}$$

oder

$$s'' = \left(\frac{v_f}{v_d} - 1\right) s_0 .$$

Der Liefergrad als Verhältnis des Ansaugevolumens zum Hubvolumen darf aus dem Indikatordiagramm entnommen werden und beträgt

$$\lambda = \frac{s'}{s} = \frac{s - s''}{s}$$

(volumetrischer Wirkungsgrad), woraus

$$\lambda = 1 - \left(\frac{s_0}{s}\right)\left(\frac{v_f}{v_d} - 1\right) .$$

Die Werte v_d und v_f lassen sich aus der Entropietafel ablesen, wenn die Expansionslinie eingezeichnet ist, oder aus der Zustandsgleichung berechnen.

Bei Beginn der Expansion herrscht derselbe Druck wie am Ende der Kompression; da auch die Temperatur nahezu dieselbe ist, darf meistens das Volumen am Ende des Ausstoßens gleich dem am Ende der Kompression v_1 gesetzt werden:

$$v_d = v_1.$$

Wird für die Expansion dieselbe Zustandsänderung vorausgesetzt wie für die Kompression, so ist mit hinreichender Genauigkeit das Volumen am Ende der Expansion gleich dem Volumen am Anfang der Kompression:

$$v_f = v_2.$$

Mit diesen Annahmen ist die Bestimmung von λ vereinfacht.

d) Ventil- und Leitungswiderstände. Diese Verluste können Berücksichtigung finden mit Hilfe der Zahlenwerte, die aus der Hydraulik bekannt sind. Einfacher ist die Benutzung des Indikatordiagramms des Kompressors, das die Pressungen im Zylinder aufschreibt. Die Unterschiede gegenüber den Pressungen im Verdampfer und im Kondensator, die den abgelesenen Dampftemperaturen entsprechen, sind die Druckverluste.

13. Bestimmung der Hauptabmessungen.

Die genannten Abweichungen vom theoretischen Prozeß, der im Entropiediagramm dargestellt worden ist, haben eine Verminderung der Kälteleistung zur Folge.

Die meßbare und tatsächlich auftretende Kälteleistung Q_2' Cal/kg ist kleiner als die theoretische Q_2, daher läßt sich das Verhältnis φ einführen:

$$Q_2' = \varphi Q_2.$$

Für gute Anlagen kann gesetzt werden

$$\varphi = 0{,}8 \text{ bis } 0{,}9.$$

Mit dem Indikator wird ein Energiebedarf N_i gemessen, der größer ist als der mit der Entropietafel bestimmte Wert N, für welchen adiabatische Kompression angenommen wurde; man bildet daher das Verhältnis

$$\psi = \frac{N}{N_i}$$

und findet an ausgeführten Anlagen

$$\psi = 0{,}85 \text{ bis } 0{,}95,$$

wobei die unteren Werte für kleinere Anlagen, die oberen für große unter günstigen Verhältnissen arbeitende Maschinen gelten.

Durch beide Verhältnisse φ und ψ wird die Leistungsziffer vermindert, und zwar beträgt ihr tatsächlicher Wert

$$\varepsilon' = \varphi \cdot \psi \cdot \varepsilon.$$

Man kann das Produkt

$$\eta_i = \varphi \cdot \psi$$

als den **indizierten Wirkungsgrad** des Prozesses bezeichnen; er gibt die Verminderung der theoretischen Leistungsziffer der Entropietafel durch die Nebeneinflüsse an.

Führt man statt der Leistungsziffer die tatsächliche Kälteleistung k' auf 1 PS$_i$ ein, so ist

$$k' = \eta_i k = 632 \cdot \eta_i \frac{Q_2}{A\,L}.$$

Für viele Abnahmeversuche genügt die Bestimmung der Arbeit durch Indizieren. Sie wird wohl ausschließlich auf diese Weise berechnet, wenn der Antrieb des Kompressors durch Riemen von einer Transmission aus erfolgt oder unmittelbar durch eine Dampfmaschine.

Bei Antrieb mittels Elektromotor kann die eingeleitete Energie an den Schalttafelinstrumenten während des Betriebes gemessen werden; alsdann ist nur noch die Wirkungsgradkurve des Elektromotors aufzunehmen, um die effektive Energie N_e zu kennen, die der Kompressor empfangen hat. Sie ist größer als die indizierte um die Übertragungsverluste sowie um die Eigenreibung im Kompressor und wird berücksichtigt durch Einführen des **mechanischen Wirkungsgrades**

$$\eta_m = \frac{N_i}{N_e}.$$

Man findet

$$\eta_m = 0{,}85 \text{ bis } 0{,}95.$$

Die Hauptabmessungen des Kompressors, d. h. Zylinderdurchmesser D, Hub S, und Umlaufzahl n sind wie bei Kolbenkompressoren zu berechnen. Die Umlaufzahl wird gewählt, und zwar meistens zwischen $n = 60$ bis 150 in der Minute für normale Anordnungen.

Aus der vorgeschriebenen tatsächlichen Kälteleistung Q' Cal/St. (Brutto) bestimmt sich mit dem Verhältnis φ die theoretische Kälteleistung Q Cal/St, ferner aus der Entropietafel Q_2 Cal/kg; das Verhältnis beider Werte gibt das in der Stunde umlaufende Gewicht

$$G = Q/Q_2 \text{ kg/St}.$$

und sein Volumen

$$V = G \cdot v_2'' \text{ cbm/St.}$$

Schätzt man unter Vorbehalt einer nachträglichen Berichtigung den Liefergrad

für große Maschinen $(Q > 50\,000$ Cal$)$ $\lambda = 0{,}9$ bis $0{,}95$,

für kleinere Maschinen $(Q = 10\,000$ bis $50\,000$ Cal$)$ $\lambda = 0{,}8$ bis $0{,}9$,

so ist das Hubvolumen bestimmt durch

$$V_h = V/\lambda.$$

Für eine doppeltwirkende Pumpe ist z. B.

$$V = \lambda \cdot 2 \cdot F \cdot S \cdot n \cdot 60,$$

wo F den nutzbaren Querschnitt des Zylinders und S den Hub bedeutet.

Unter Annahme einer mittleren Kolbengeschwindigkeit

$$c_m = \frac{S \cdot n}{30}$$

oder des Verhältnisses von Hub zu Durchmesser sind diese beiden Größen bestimmt.

Nach Aufzeichnen des Zylinders kann sein schädlicher Raum ausgemessen werden, um den angenommenen Liefergrad λ auf seine Richtigkeit zu prüfen.

14. Berechnung der Flächen für den Wärmedurchgang.

Zur Ableitung der Wärme kommt nur der Oberflächenkondensator in Betracht, der aus einem Kessel mit eingelegten Rohrschlangen besteht. Der abzukühlende und in Flüssigkeit umzuwandelnde Dampf fließt durch die Rohre und gibt durch die Oberfläche F die Wärme W an das Kühlwasser ab.

Dieselbe Bauart zeigt im allgemeinen der Verdampfer, der zur Aufnahme der Kälteleistung dient.

Da die auftretenden Temperaturunterschiede klein sind, darf zur Berechnung der beiden Durchgangsflächen die Gleichung benutzt werden

$$W = F \cdot k \, (t - \vartheta),$$

worin t und ϑ die mittleren Temperaturen der Flüssigkeiten zu beiden Seiten der Fläche bedeuten.

Für den Kondensator ist t die Temperatur des zu verdichtenden Sattdampfes und ϑ das Mittel aus den Temperaturen des abfließenden und ankommenden Wassers; für den Verdampfer gilt diese Bezeichnung sinngemäß umgekehrt. Man nennt W/F die Beanspruchung der Oberfläche und wählt oft diese Zahl zur Bestimmung von F.

Die Wärmeübergangszahl k nimmt mit zunehmender Beanspruchung zu, und zwar setzt Döderlein

$$\text{für den Kondensator} \quad k = 5,0\sqrt{\frac{W}{F}} \;\; \text{Cal/St,}$$

$$\text{für den Verdampfer} \quad k = 5,7\sqrt{\frac{W}{F}} \;\; \text{Cal/St.}$$

Bei Überschlagsrechnungen wird häufig für beide Apparate $k = 200$, bezogen auf die Stunde, angenommen.

Beispiel: **Entwurf einer SO_2-Kälteanlage.** (Von A. Borsig für Rio de Janeiro ausgeführt.[1]) Für eine Kälteleistung von $Q' = 200\,000$ Cal/St soll ein SO_2-Kompressor mit trockenem Vorgang berechnet werden. Die Temperatur im Kondensator betrage $t_1 = 35^0$ C und im Verdampfer $t_2 = -10^0$; der Kälteträger werde nach der Kondensation in besonderem Flüssigkeitskühler auf $t' = +20^0$ C abgekühlt.

Aus dem Entropiediagramm ist

Wärmeinhalt Ende Verdampfung	$i_2'' =$	90,46 Cal
„ Anfang „	$i_1' =$	6,62 „
Kälteleistung auf 1 kg (theoretisch)	$Q_2 =$	83,84 „
Wärmeinhalt Ende Kompression	$i =$	108,1 „
„ Anfang „	$i_2'' =$	90,5 „
Kompressionsarbeit auf 1 kg (theoretisch)	$AL =$	17,6 „
Verhältnis φ (gewählt)	$\varphi =$	0,86

$$\text{Theoretische Kälteleistung in d. St.} \quad Q = \frac{200\,000}{0,86} = 232\,600 \;\text{Cal/St}$$

$$\text{Gewicht des Kälteträgers} \quad G = Q/Q_2 = \frac{232\,600}{83,84} = 2775 \;\text{kg/St}$$

$$\text{Volumen „ „} \quad V = G \cdot v_2'' = 2775 \cdot 0,33 = 915 \;\text{cbm/St}$$

Liefergrad (geschätzt) $\qquad\qquad\qquad\qquad \lambda = 0,9$

Umlaufzahl in d. Min. (angenommen) $\qquad\quad n = 90$

Mittlere Kolbengeschwindigkeit (angenommen) $\quad c_m = 1,5$ m/sek

$$\text{Kolbenhub} \qquad\qquad s = \frac{30 \cdot c_m}{n} = \frac{30 \cdot 1,5}{90} = 0,5 \;\text{m}$$

Zahl der doppeltwirkenden Zylinder $= 2$

---

[1] Siehe Zeitschr. „Eis- und Kälteindustrie", Wittenberg 1910.

Nutzbarer Kolbenquerschnitt $F = \dfrac{V}{4 \cdot \lambda \cdot S \cdot n \cdot 60}$

$$= \dfrac{915}{4 \cdot 0,9 \cdot 0,5 \cdot 90 \cdot 60} = 0,0941 \text{ qm}$$

Zuschlag für Kolbenstange, 2 v. H. $\qquad = 0,0019$

Zylinderdurchmesser $\qquad D = 350 \text{ mm}$

Verhältnis ψ (angenommen) $\qquad \psi = 0,9$

Energiebedarf, indiziert $\quad N_i = \dfrac{A L \cdot G}{632 \cdot \psi} = \dfrac{17,6 \cdot 2775}{632 \cdot 0,9} = 85,5 \text{ PS}$

Mechanischer Wirkungsgrad (eingeschlossen
Riementrieb) $\qquad \eta_m = 0,85$

Eingeleitete Energie $\qquad N_e = 85,5/0,85 = \sim 100 \text{ PS}$

Wirkungsgrad des Elektromotors $\qquad \eta_{el} = 0,9$

Elektrische Energie $\qquad N_{el} = \dfrac{100}{1,36 \; 0,9} = \sim 82 \text{ KW}$

Wärme der indizierten Energie entspr. $Q_i = 85,5 \cdot 632 = 54\,000 \text{ Cal/St}$

Wärme im Kondensator abzuführen $\quad Q_1 = Q' + Q_i = 254\,000 \text{ Cal/St}$

Kühlfläche des Kondensators (ausgeführt) $\qquad F = 200 \text{ qm}$

Mittlerer Temperaturunterschied bei $k = 200$,

$$t_1 - \vartheta = \dfrac{Q_1}{k F} = 6,35^0 \text{ C}$$

Wärmedurchgang auf 1 qm Kühlfläche im
Kondensator $\qquad \dfrac{Q_1}{F} = 1270 \text{ Cal}$

Wärmedurchgang auf 1 qm Kühlfläche im
Verdampfer $\qquad \dfrac{Q'}{F} = 1000 \text{ Cal}$

Mittlerer Temperaturunterschied im Verdampfer

$$t_2 - \vartheta = \dfrac{Q'}{F \cdot k} = 5^0 \text{ C.}$$

Beispiel: **Entwurf einer CO_2-Kälteanlage.** Ein Kriegsschiff
soll mit einer CO_2-Anlage für eine Netto-Kälteleistung von 10 000 Cal/St
ausgerüstet werden, die im Solbad eine Temperatur von $- 5^0$ C zu
erzeugen vermag. Das zur Verfügung stehende Kühlwasser besitzt
eine Temperatur von 30^0 C, die am Austritt aus dem Kondensator
auf 36^0 ansteigen soll.

Da bei vorliegender Verwendung im Maschinenraum eine ziemlich hohe Lufttemperatur herrscht (bis 40^0), so ist zur sicheren Erreichung der verlangten Wirkung ein Zuschlag von 25 v. H. zu
machen; die Brutto-Kälteleistung beträgt somit

$$Q' = 12\,500 \text{ Cal/St.}$$

Zur Sicherheit nehmen wir

$$\varphi = 0,75$$

und erhalten die theoretische Kälteleistung

$$Q = 12\,500/0,75 = 16\,700 \ \text{Cal/St.}$$

Damit in der Sole sicher -5^0 C erreicht wird, muß die Temperatur im Verdampfer zu $t_2 = -10^0$ C angesetzt werden, entsprechend einem Druck von $p_2 = 27,1$ Atm. abs.

Das Kühlwasser vermag den Kälteträger bis auf etwa $t' = 32^0$ C abzukühlen, bevor er durch das Regulierventil fließt. Wählt man in Rücksicht auf diese hohe Temperatur den Enddruck der Kompression zu $p_1 = 90$ Atm. abs., so zeigt das Entropiediagramm, daß die Kohlensäure während der ganzen Abkühlung im Überhitzergebiet bleibt.

Man erhält aus dem Diagramm

Wärmeinhalt Ende Verdampfung	$i_2 =$	$56,5$ Cal
„ Anfang „	$i' =$	$21,0$ „
Kälteleistung auf 1 kg	$Q_2 =$	$35,5$ „
Wärmeinhalt Ende Kompression	$i =$	$69,6$ „
„ Anfang „	$i_2 =$	$56,5$ „
Kompressionsarbeit auf 1 kg	$AL =$	$13,1$ Cal

$$\text{Gewicht des Kälteträgers} \qquad G = \frac{16\,700}{35,5} = 470 \ \text{kg/St}$$

Volumen „ „ $\qquad V = 0,01426 \cdot 470 = 6,7$ cbm/St
Liefergrad (gewählt) $\qquad \lambda = 0,85$
Umlaufzahl in der Min. (gewählt) $\qquad n = 120$
Kompressor einfach wirkend, Verhältnis
von Hub zu Durchm. $\qquad S/D = 2.$

Mit diesen Werten ergibt sich aus dem stündlichen Volumen

$$F \cdot S = \frac{6,70}{60 \cdot 120 \cdot 0,85} = \frac{\pi}{4} \, D^3 \left(\frac{S}{D}\right),$$

woraus $\qquad D = 90$ mm $\qquad S = 180$ mm.

Für die Berechnung der Betriebsarbeit ist zu wählen

$$\psi = 0,85,$$

damit wird

$$N_i = \frac{13,1 \cdot 464}{632 \cdot 0,85} = 11,3 \ \text{PS}$$

und mit

$$\eta_m = 0,9$$

ergibt sich die einzuleitende Betriebsenergie

$$N_e = 11{,}3/0{,}9 = 12{,}6 \text{ PS.}$$

Für die Heizfläche des Verdampfers nehmen wir eine Wärmeleitungszahl $k = 180$ an und erhalten bei einem mittleren Temperaturunterschied von $t_2 - \vartheta = 5^0$ C

$$F = \frac{12\,500}{5 \cdot 180} = 13{,}9 \text{ qm.}$$

Die Kühlfläche des Kondensators hat an Wärme abzuleiten

$$Q_1 = Q' + Q_i = 12\,500 + 11{,}3 \cdot 632 = 19\,900 \text{ Cal/St,}$$

was bei einem mittleren Temperaturunterschied von $t_1 - \vartheta = 5^0$ C eine Kühlfläche von

$$F = \frac{19\,900}{5 \cdot 180} = 22 \text{ qm}$$

verlangt.

Die vorliegenden ungünstigen Verhältnisse verursachen einen entsprechend großen Energieverbrauch, der nicht ohne weiteres einen Schluß auf die Leistungsfähigkeit der vorgeschlagenen Anlage zuläßt. Wie schon bemerkt, kommen bei der Beurteilung des Kälteträgers noch andere Umstände in Frage, auf die hier nicht näher eingetreten werden soll.

15. Bestimmung der Abweichungen vom theoretischen Prozeß aus Versuchswerten.

In den „Forschungsarbeiten" 1904 des Vereins deutscher Ingenieure berichtet E. Brauer über Versuche an zwei Ammoniak-Kälteanlagen. Es sollen die an der Anlage „Riegel" mitgeteilten Beobachtungen auf unsere Rechnungsart geprüft werden.

Die Nettoleistung wird gefunden durch Messung der Temperatursenkung, die eine bestimmte Solemenge in der Stunde im Verdampfer erfährt. Um die Bruttoleistung zu erhalten, ist die einfallende Wärme hinzuzufügen. Diesen Verlust kann man besonders bestimmen, und zwar unmittelbar nach dem Abstellen des Kompressors, indem die allmähliche Temperaturzunahme an mehreren Punkten des Verdampfers festgestellt wird. Dadurch ergibt sich der Wärmeübergang als Funktion des Temperaturunterschiedes.

Die Menge des im Verdampfer abgekühlten Wassers mißt man am einfachsten durch den Ausflußversuch aus einer geeichten Mündung, die im Boden eines Gefäßes eingesetzt ist (Danaïde). Bei gleichem Zu- und Abfluß stellt sich im Beharrungszustand ein bestimmter Wasserspiegel im Gefäß ein, dessen Höhe über der Mündung die Wassermenge gibt. Durch gelochte Zwischenwände kann der Spiegel genügend ruhig für die Ablesung gehalten werden.

Beispiel: Im angeführten Versuch wurde eine Solemenge von 22 928 kg/St durch den Verdampfer geschickt und einen konstanten Temperaturunterschied zwischen Zulauf und Ablauf von — 1,93° auf — 5° C erzeugt.

Mit der spezifischen Wärme $c = 0,854$ für die Sole betrug demnach die Kälteleistung

$$Q_n = 22\,928 \cdot 0,854 \cdot (5 - 1,93) = 60\,237 \text{ Cal/St.}$$

Die Wärmeeinstrahlung wurde zu 730 Cal/St bestimmt (1,2 v. H.), so daß die eigentliche (Brutto-)Kälteleistung auf

$$Q' = 60\,967 \text{ Cal/St}$$

ansteigt.

Der Energiebedarf wurde durch Indizieren des doppeltwirkenden Kompressors ermittelt ($S = 400$ mm, $D = 260$ mm), und zwar ergab sich

Deckelseite: Hubvolumen 0,020 62 cbm, mittl. Druck $p_i = 3,9$ kg/qcm
Kurbelseite: „   0,019 62 „   „   „ $p_i = 3,914$ „
Umlauf $n = 45,5$.
Indizierte Energie

$$N_i = (0,020\,62 \cdot 39\,000 + 0,019\,62 \cdot 39\,140) \cdot \frac{45,5}{60 \cdot 75} = 15,9 \text{ PS}_i$$

Tatsächliche Kälteleistung auf 1 PS$_i$ $k' = \dfrac{60\,967}{15,9} = 3834 \text{ Cal/PS}$

  „   Leistungsziffer $\varepsilon' = \dfrac{3834}{632} = 6,06$

Wärme der indizierten Arbeit entspr. $Q_i = 632 \cdot 15,9 = 10\,122$ Cal/St
Wärme im Kondensator abzuführen $Q_1 = Q_i + Q' = 71\,089$ „

Beobachtete Temperaturen:

    im Verdampfer (entspr. Manometerdruck) $t_2 = -\ 9,13°$ C
    im Kondensator   „   „ $t_1 = +\ 21,00°$ C
    vor Reg.-Ventil   „   „ $t' = \quad 17,65°$ C.

Aus der Entropietafel:

    Wärmeinhalt Ende Verdampfung $i_2'' = 302,0$ Cal/kg
      „   Anfang   „ $i' = \underline{\ 20,0}$ „
    Theoretische Kälteleistung $Q_2 = 282,0$ „
    Wärmeinhalt Ende Kompression $i = 338,2$ „
      „   Anfang   „ $i_2'' = \underline{302,0}$ „
    Kompressionsarbeit auf 1 kg $AL = \quad 36,2$ „

Theoretische Leistungsziffer $\qquad\qquad\qquad\qquad \varepsilon = \dfrac{282}{36,2} = 7,79$

  „   Kälteleistung auf 1 kg $k = 7,79 \cdot 632 = 4923$ Cal/PS.

Verhältnis der wirklichen zur theoretischen Leistungziffer

$$\eta_i = \varphi \cdot \psi = \frac{6,06}{7,79} = 0,778.$$

Zur Bestimmung der Verhältnisse φ und ψ ist das stündliche Gewicht des arbeitenden Kälteträgers zu berechnen. Aus dem Indikatordiagramm läßt sich der Lieferungsgrad ablesen

$$\lambda = 0,97.$$

Man erhält ihn auch unter Annahme eines schädlichen Raumes von $s_0/s = 0,02$ aus

$$\lambda = 1 - \left(\frac{s_0}{s}\right)\left(\frac{v_2}{v_1} - 1\right);$$

hierin ist für das Ende der Expansion oder für den Anfang der Kompression

$$(t_2 = -9,13^{\circ}\,\mathrm{C}) \qquad v_2 = 0,425 \ \mathrm{cbm/kg}$$

und für das Ende der Kompression

$$p_1 = 9,1 \ \mathrm{kg/qcm}, \quad T = 273 + 76 = 349$$

$$v_1 = \frac{RT}{p_1} = \frac{48 \cdot 349}{91\,000} = 0,184 \ \mathrm{cbm/kg};$$

damit ist

$$\lambda = 1 - 0,02\left(\frac{0,425}{0,184} - 1\right) = \sim 0,97.$$

Hieraus folgt:

Hubvolumen in der Stunde $V_h = 0,040\,24 \cdot 45,5 \cdot 60 = 110$ cbm/St

Ansaugevolumen i. d. Stunde $V = 0,97 \cdot 110 \qquad\quad = 106,7$ „

Gewicht in der Stunde $G = 106,7/0,425 \qquad = 251$ kg/St

Theoretische Kälteleistung/St $Q = 282 \cdot 251 \qquad\qquad = 70\,780$ Cal/St

Verhältnis der tatsächl. zur theor. Kälteleistung $\varphi = \dfrac{60\,967}{70\,780} = 0,861$

Theoretischer Energiebedarf $N = \dfrac{A\,L \cdot G}{632} = \dfrac{36,2 \cdot 251}{632} = 14,35$ PS.

Verhältnis des theor. zum tatsächl. Energiebedarf $\psi = \dfrac{14,35}{15,9} = 0,903$

Leistungsziffer des Carnot-Prozesses $\varepsilon_0 = \dfrac{273 - 9,13}{21 + 9,13} = \dfrac{263,87}{30,13} = 8,76.$

Gesamtwirkungsgrad gegen Carnot (bezogen auf indiz. Leistung)

$$\eta_g = \frac{6{,}06}{8{,}76} = 0{,}691$$

Kühlfläche für Verdampfer und Kondensator $F = 66{,}5$ qm.

Sole: Zulauftemperatur $-1{,}93^0$, Ablauftemperatur $-5{,}00^0$,
mittlere Temperatur $\vartheta = -3{,}47^0$ C,
Temperaturunterschied gegen innen $t_2 - \vartheta = 9{,}13 - 3{,}47 = 5{,}66^0$,

Wärmeleitungszahl für den Verdampfer $k = \dfrac{60\,967}{566 \cdot 66{,}5} = 162.$

Kühlwasser: Zulauftemperatur $12{,}68^0$, Ablauftemperatur $19{,}89^0$,
mittlere Temperatur $\vartheta = 16{,}29^0$,
Temperaturunterschied gegen innen $t_1 - \vartheta = 21{,}0 - 16{,}29 = 4{,}71^0$,

Wärmeleitungszahl für den Kondensator $k_0 = \dfrac{71\,089}{66{,}5 \cdot 4{,}71} = 227.$

16. Umrechnung der Versuchswerte auf Normalverhältnisse.

Um Abnahmeversuche an verschiedenen Anlagen miteinander vergleichen zu können, müssen die Hauptwerte auf die gleichen Temperaturgrenzen umgerechnet werden. Eine solche Umrechnung ist häufig auch bezüglich der Umlaufzahl nötig, da diejenige während der Messung gewöhnlich nicht ganz übereinstimmt mit der vorgesehenen.

Beispiel: Es sollen die Versuchswerte des vorigen Beispiels umgerechnet werden auf eine Umlaufzahl von $n = 50$ und auf folgende Temperaturen:

$$\begin{aligned}
\text{Kondensator} \quad & t_{10} = 25^0\ \text{C,} \\
\text{Verdampfer} \quad & t_{20} = -10^0\ \text{C,} \\
\text{Vor Reg.-Ventil} \quad & t_0{}' = 15^0\ \text{C.}
\end{aligned}$$

Für diese Verhältnisse folgt aus der Entropietafel (siehe Zahlentafel 4):

Theoretische Kälteleistung auf 1 kg $Q_{20} = 284{,}77$ Cal/kg,
 „ Kompressionsarbeit auf 1 kg $(AL)_0 = 42{,}2$ „

Das Hubvolumen ist zufolge der größeren Umlaufzahl angewachsen auf

$$V_h = 110 \cdot \frac{50}{45{,}5} = 121 \text{ cbm/St.}$$

Da sich der Liefergrad nicht ändert, beträgt das Ansaugevolumen

$$V = 0{,}97 \cdot 121 = 117{,}4 \text{ cbm/St.}$$

Der gesättigte Dampf hat bei -10^0 C ein spez. Volumen von

$$v_2'' = 0,4247 \text{ cbm/kg},$$

daher ist das Gewicht des Kälteträgers

$$G_0 = \frac{117,4}{0,4247} = 276,2 \text{ kg/St.}$$

Unter Benutzung der gefundenen Verhältnisse zwischen den theoretischen Werten und den gemessenen folgt:

Tatsächliche Kälteleistung (umgerechnet)

$$Q_0' = \varphi \cdot Q_{20} \cdot G_0 = 0,861 \cdot 284,77 \cdot 276,2 = 67\,850 \text{ Cal/St},$$

tatsächlicher indizierter Energiebedarf

$$(N_i)_0 = \frac{42,2 \cdot 276,2}{0,903 \cdot 632} = 20,4 \text{ PS}_i,$$

Kälteleistung auf 1 PS$_i$

$$k_0' = \frac{67\,850}{20,4} = 3326 \text{ Cal/PS}_i.$$

17. Konstruktion des Druck-Volumendiagramms.

Für die Berechnung des Kurbeltriebes und des Schwungrades wird das pv-Diagramm verlangt. Zu seiner Aufzeichnung kann in einfachster Weise die geradlinige Adiabate des Entropiediagramms benutzt werden. Das Verfahren ist weitaus genauer als die altbekannte Konstruktion nach Brauer, bei der sich eine kleine anfängliche Ungenauigkeit mit dem Fortschreiten der Punktbestimmung stets vergrößert.

Man legt auf die Entropietafel durchsichtiges Papier und trägt darauf die Schnittpunkte einer Anzahl p-Linien mit der Adiabate ein. Am besten wählt man dazu die in der Tafel schon gezeichneten p-Linien, die den Sättigungstemperaturen von 5 zu 5 Grad entsprechen. Die Ordinaten dieser Schnittpunkte sind die zu den Drücken gehörigen Temperaturen, ihre absoluten Werte führen mit der Zustandsgleichung zu den spezifischen Volumen. Damit sind für das neue Diagramm die Abszissen v zu den gewählten Ordinaten p bestimmt, beide lassen sich in einem beliebigen Maßstab aufzeichnen.

Fällt der Schnittpunkt einer p-Linie und einer v-Linie des Entropiediagramms zufällig auf die Adiabate, so sind diese beiden Werte unmittelbar zu benutzen ohne die Zustandsgleichung verwenden zu müssen. Da aber die Schnitte der beiden Linien schief sind, ist es immerhin genauer, wenn in der Entropietafel nur die Temperaturen abgelesen werden. Die Schnittpunkte der p-Linien mit den wagerechten Temperaturlinien sind sehr deutlich erkennbar.

Für die adiabatische Kompression CP (Fig. 21) erhält man auf die angegebene Weise das pv-Diagramm $CPBAC$ (Fig. 22), worin vorerst der schädliche Raum als nicht vorhanden angenommen ist. Die Strecke AC bedeutet das Ansaugevolumen, sie ist bei dem angenommenen trockenen Vorgang proportional dem spezifischen Volumen v_2'' des gesättigten Dampfes, entsprechend dem Verdampferdruck p_2.

Der mittlere Überdruck des pv-Diagramms ergibt sich mit dem Planimeter; er läßt sich

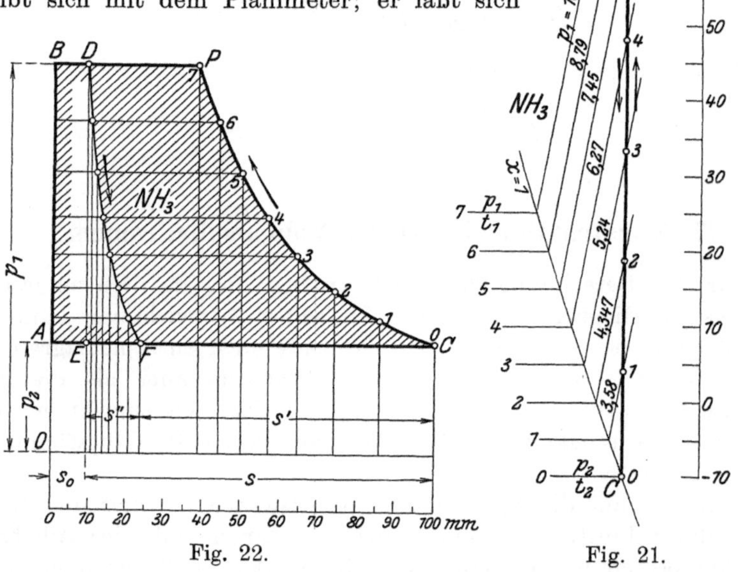

Fig. 22.   Fig. 21.

auch unmittelbar aus dem Entropiediagramm berechnen, ohne daß es nötig ist, vorerst das pv-Diagramm zu zeichnen. Da der mittlere Überdruck p_i zugleich als Kompressionsarbeit für 1 cbm des Kälteträgers aufgefaßt werden kann, ist der Wärmewert AL durch das spezifische Volumen im Ansaugezustand zu teilen, um diesen Druck zu erhalten, daher ist

$$p_i = \frac{(AL) \cdot 427}{v_2''}\ \text{kg/qm}.$$

In derselben Fig. 22 ist der Einfluß des schädlichen Raumes sichtbar gemacht. Wird für die Expansion der Restgase dieselbe

Adiabate PC im Entropiediagramm vorausgesetzt, so sind nur noch zu den bereits gewählten Pressungen die neuen Abszissen zu berechnen. Im pv-Diagramm trägt man den gegebenen schädlichen Raum s_0 ein, Strecke AE, dann ist nicht mehr AC, sondern EC das Hubvolumen s. Zu Beginn der Expansion im Punkt D (Fig. 22) ist $BD = s_0$ das Volumen, wobei aber zu D und zu P dieselben spezifischen Volumen zugehören. Die Abszissen der Kompressionslinien sind also mit dem Verhältnis BD/BP zu multiplizieren, um die Abszissen der Expansionslinie für dieselben Ordinaten zu erhalten.

Auf diese Weise kann die Expansionslinie rasch und genau eingezeichnet werden, während gerade hier die anderen Methoden zu ungenau sind, um Verwendung zu finden.

In der Strecke $s' = FC$ erhält man schließlich den Lieferungsgrad

$$\lambda = \frac{s'}{s}.$$

Zur Berechnung des mittleren Überdruckes ist zu berücksichtigen, daß das Ansaugen jetzt durch die Strecke s' dargestellt ist; es fließt daher im Verhältnis λ weniger Gewicht zum Kompressor, wodurch sich der Arbeitsbedarf verkleinert; folglich ist

$$p_i = \frac{(AL)\,427 \cdot \lambda}{v_2''}.$$

Dieser Wert dient zur Kontrolle des ausgemessenen Druckes.

Beispiel: Führt man diese Darstellung für Ammoniak in der beschriebenen Weise durch, so ergeben sich unter Annahme eines Mittelwertes von $R = 47$ die in Zahlentafel 6 aufgeführten Werte. Dabei ist als ursprüngliche Länge der Strecke AC

$$(AC) = 100 \text{ mm}$$

angenommen.

Zahlentafel 6.

Punkte	p Atm.	t ^{0} C	T	v cbm/kg	Kompr. x mm	Expans. x' mm
0	·2,923	— 10	263,0	0,4247	100,0	23,5
1	3,58	+ 4	277,0	0,364	85,8	20,2
2	4,347	18,5	291,5	0,315	74,0	17,4
3	5,24	33,4	306,4	0,275	64,6	15,2
4	6,27	48,0	321,0	0,2405	56,5	13,3
5	7,45	62,0	335,0	0,211	49,6	11,7
6	8,79	75,0	348,0	0,186	43,75	10,3
7	10,308	89,5	362,5	0,164	38,6	9,1

Man findet z. B. für die Abszisse des Punktes 1 mit dem spezifischen Volumen $v_1 = 0{,}364$ cbm/kg

$$x_1 = \frac{0{,}364}{0{,}4247} \cdot 100 = 85{,}8 \text{ mm usw.}$$

Der mittlere Druck des Diagramms ohne Vorhandensein des schädlichen Raumes ist

$$p_i = \frac{42{,}2 \cdot 427}{0{,}4247} = 42\,500 \text{ kg/qm} = 4{,}25 \text{ Atm.}$$

Die Zahlentafel 6 enthält ferner die Abszissen x' der Expansionslinie. Um die Abweichung recht deutlich hervortreten zu lassen, ist als schädlicher Raum der außergewöhnlich große Wert von $s_0/s = 10$ v. H. gewählt worden.

Nun ist für diesen Fall EC das Hubvolumen

$$s_0 + s = 100{,}0 \text{ mm}, \qquad s_0 = 0{,}1 \cdot s,$$

folglich $\qquad\qquad s = 90{,}9$ mm, $\qquad s_0 = 9{,}1$ mm.

Mit diesen Beträgen ergeben sich die eingeschriebenen Werte, und zwar ist vom höchsten Punkt 7 an zu beginnen. Für Punkt 6 ist z. B.

$$x_6' = \frac{0{,}186}{0{,}164} \cdot 9{,}1 = 10{,}3 \text{ mm usw.}$$

Aus dem pv-Diagramm folgt als Lieferungsgrad

$$\lambda = \frac{100 - 23{,}5}{90{,}9} = 0{,}842 ,$$

damit wird der mittlere Überdruck

$$p_i = \frac{42{,}2 \cdot 427 \cdot 0{,}842}{0{,}4247} = 35\,800 \text{ kg/qm} = 3{,}58 \text{ Atm.},$$

was mit der Ablesung des Planimeters übereinstimmt.

18. Übertragung des Indikatordiagramms in das Entropiediagramm.

Die im vorigen Abschnitt erklärte Methode kann in umgekehrter Reihenfolge verwendet werden, um die vom Indikator aufgezeichnete tatsächliche Kompressionslinie in das Entropiediagramm zu übertragen.

Im Indikatordiagramm Fig. 23 ist zunächst das Volumen des schädlichen Raumes im richtigen Verhältnis zum Hubvolumen einzuzeichnen. Alsdann sticht man zu einer Anzahl Ordinaten p die Abszissen x der Kompressionslinie ab, deren Anfangswert x_0 proportional dem bekannten Volumen v_0 des Dampfes ist. Ein anderes Volumen v findet sich aus $v = v_0 \cdot \dfrac{x}{x_0}$. Zu diesen Werten p und v gibt die Zustandsgleichung die Temperaturen T bzw. t, womit die Punkte in das Entropiediagramm eingetragen werden können.

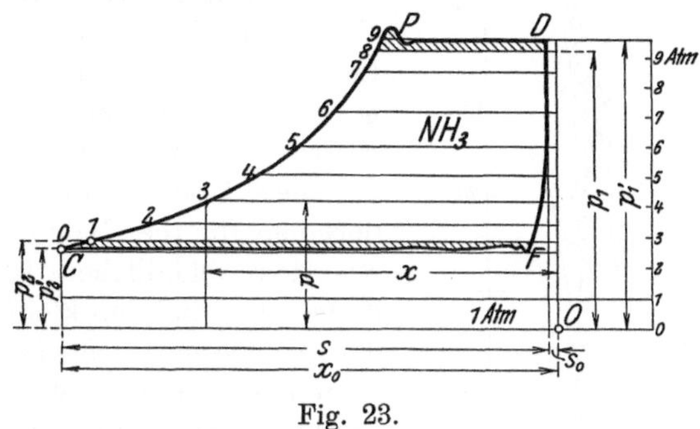

Fig. 23.

Für das in Fig. 23 gezeichnete Indikatordiagramm mit einem schädlichen Raum von 2 v. H. und $x_0 = 102$ mm hat die Rechnung folgende Beträge ergeben:

Zahlentafel 7.

Punkt	p Atm.	x mm	v cbm/kg	T	t °C
0	2,63	102,0	0,475	260,5	— 12,5
1	2,923	95,8	0,446	272	— 1
2	3,579	84,5	0,393	293	+ 16
3	4,347	72,0	0,335	303	30
4	5,242	62,0	0,288	315	42
5	6,271	53,8	0,250	328	55
6	7,45	47,0	0,219	340	64
7	8,792	40,6	0,189	346	73
8	9,43	38,0	0,177	348	75
9	9,81	37,0	0,172	352	79

Das zugehörige Entropiediagramm (Fig. 24) zeigt eine Kompressionslinie 0 bis 9, die anfänglich etwas rechts von der Adiabaten $O—P$ ansteigt; diese Erscheinung hat ihre Ursache in der am Kolben entstehenden Reibungswärme. Im weiteren Verlauf der Kompression macht sich die steigende Temperatur im Innern des Zylinders geltend; es fließt Wärme nach außen ab, so daß die Kompressionslinie nach links umbiegt.

In beiden Diagrammen sind die den Grenztemperaturen entsprechenden Drucke p_1 und p_2 eingetragen, wie sie die Druckmesser am Kondensator und am Verdampfer anzeigen. Man erkennt damit die Druckverluste zwischen den beiden Räumen und dem Kompressor.

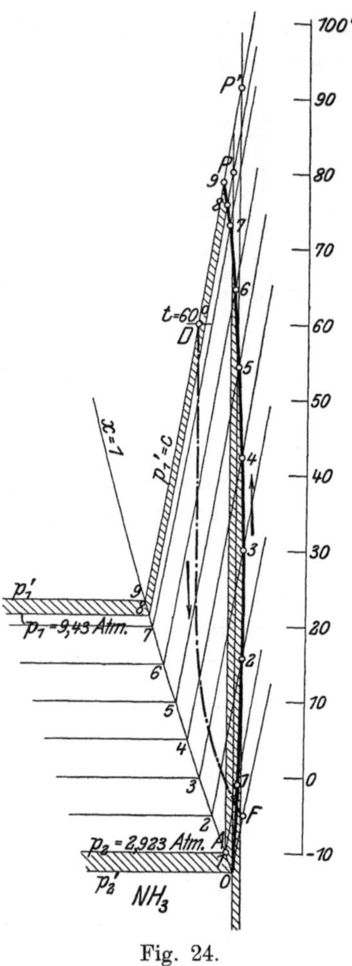

Fig. 24.

Die entsprechenden Energieverluste gegenüber der Adiabate A—P der verlustfreien Kompression sind in Fig. 24 schraffiert; dadurch ist die Verteilung des Verlustes sichtbar gemacht; ferner kann das Verhältnis ψ des theoretischen zum indizierten Energieverbrauch bestimmt werden.

Diese Übertragung läßt sich wiederholen für die Expansionslinie DF aus dem schädlichen Raum. Allerdings ist es bei den kleinen Beträgen der Abszissen x schwierig, das Verfahren für eine größere Zahl von Punkten durchzuführen. Bei der vorliegenden Aufgabe genügt es aber meistens, den Anfangs- und Endpunkt zu übertragen.

Der Anfangspunkt D im Entropiediagramm ist durch den Ausstoßdruck p_1' und die zu messende Temperatur t' im Druckventilgehäuse gegeben. Diese Temperatur ist naturgemäß etwas kleiner als diejenige am Ende der Kompression. In Fig. 24 ist sie mit $t' = 60°$ eingezeichnet, damit ist $v' = 0,163$ cbm/kg, entsprechend dem schädlichen Raum $s_0 = 2$ mm. Für den Endpunkt F zeigt das Indikatordaigramm $x = 6$ mm. Damit folgt

$$v = \tfrac{6}{2} \cdot 0,163 = 0,49 \text{ cbm/kg}$$

und die Ordinate des Endpunktes F aus der Zustandsgleichung

$$t = -5° \text{ C.}$$

Nun kann nach Eintragen der beiden Punkte die Expansionslinie DF gezeichnet werden. Sie verläuft anfänglich adiabatisch, wird aber bei tieferen Temperaturen nach rechts abgelenkt infolge der Wärmeaufnahme von den Wandungen. Der Restdampf bleibt am Ende der Expansion noch etwas überhitzt, der Unterschied seines Zustandes gegenüber dem Ansaugevolumen ist aber unbedeutend. Damit sind die Wärmevorgänge sichtbar gemacht, und die Aufgabe kann in derselben Weise weiter verfolgt werden wie bei den Luftkompressoren[1]).

III. Neuere Kälteeinrichtungen mit Wasserdampf.

19. Wirkungsweise der Kälteanlage.

Wasserdampf ist vom thermodynamischen Standpunkte aus betrachtet der beste Kälteträger, wie die Beispiele Zahlentafel 2 zeigen. Seine Verwendung bietet dagegen Schwierigkeiten, hauptsächlich durch das Auftreten der außergewöhnlich großen Volumen, die aus dem Verdampfer zu schaffen sind. Früher wurde diese Aufgabe einzig dadurch gelöst, daß man den gebildeten Dampf von Schwefelsäure verschlucken ließ (Absorptionsmaschine), um ihn bequem aus dem unter hohem Vakuum stehenden Verdampfer zu entfernen.

In neuerer Zeit haben Westinghouse-Leblanc[2]) und Josse-Gensecke[3]) andere Lösungen gefunden; sie erscheinen geeignet, in gewissen Fällen neue Anwendungsgebiete der Kälteindustrie zu erschließen und sollen in folgendem näher betrachtet werden.

Für die Förderung des Kaltdampfes ist ein Kolbenkompressor ganz ungeeignet; er würde infolge der außerordentlich großen Abmessungen zu viel Eigenreibung verursachen, abgesehen von den hohen Anlagekosten und anderen Unzuträglichkeiten.

Derart große Fördervolumen lassen sich nur bewältigen unter Anwendung großer Geschwindigkeiten für die zu bewegenden Flüssigkeiten. Hierbei fallen in Betracht Turbokompressoren, d. h. rotierende Schaufelräder mit hoher Umfangsgeschwindigkeit, die hintereinander geschaltet sind und vom Dampf der Reihe nach durchflossen werden, oder der Dampfstrahlejektor, dem Wasserdampf von beliebiger Spannung als Energiemittel zufließt. Dieser Betriebsdampf strömt mit großer Geschwindigkeit aus Düsen, reißt den Kaltdampf aus dem Verdampfer an und preßt ihn in den Kondensator,

---

[1]) Siehe Ostertag, Theorie und Konstruktion der Kolben- und Turbokompressoren. Berlin 1911, Jul. Springer.

[2]) Siehe M. Leblanc, Étude sur la production du vide et ses applications. Rev. du froid, Mai 1912.

[3]) Josse, Zeitschr. f. d. ges. Kälteindustrie 1911, S. 137. Zeitschr. f. d. ges. Turbinenwesen 1911, S. 540.

wo sich beide Dampfarten niederschlagen. Infolge der auftretenden großen Durchflußgeschwindigkeiten erhält der Strahlapparat keine übermäßig großen Abmessungen.

Der Kompressor hat demnach den Kaltdampf aus dem hohen Vakuum nicht ins Freie zu fördern, was unnötig viel Arbeit erfordern würde, sondern in den Kondensatorraum; dort herrscht ein kleineres Vakuum, das aber selbstredend möglichst hoch sein soll, um eine günstige Wirkung zu erzielen.

Die Einrichtung mit Ejektor ist in Fig. 25 schematisch dargestellt, und zwar bedeuten A die Kühlschlangen, in denen der Kälte-

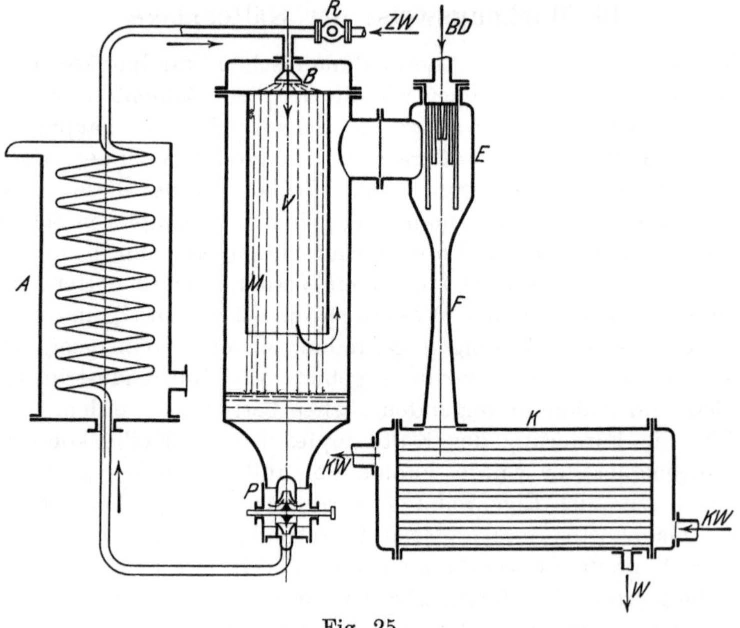

Fig. 25.

träger fließt und unmittelbar Wärme aus der abzukühlenden Umgebung aufnimmt. Der primäre Kälteträger besteht hier aus Sole, die durch teilweises Verdampfen gekühlt wird. Ein sekundärer Kälteträger kommt nicht zur Verwendung. Nach der Wärmeaufnahme fließt das Wasser zum Verdampfer V, wo es durch eine Brause B auf ein Sieb verteilt wird und als Regen abfällt. Dabei verdampft ein Teil des Wassers rasch und kühlt den übrigen Teil des Regens ab; die Dampfbildung wird durch die große Oberfläche des mit kleiner Geschwindigkeit niederfallenden Regens gefördert. Die sich im unteren Teil des Gefäßes ansammelnde kalte Sole durchfließt nun die Umlaufpumpe P und ist befähigt, am Orte der Kälteerzeugung A von neuem Wärme aufzunehmen. Durch das Ventil R ist diesem Kreislauf stets so viel Wasser von außen zuzusetzen als verdampft; dabei hat das Ventil die Drosselung der Zusatzflüssigkeit auf den kleinen Druck p_2 im Verdampfer zu besorgen.

Die übrige Einrichtung bezweckt die Fortschaffung des gebildeten Dampfes. Zunächst ist der Dampf von mitgerissenem Wasser möglichst vollständig zu .befreien; dazu ist im Verdampfer ein Mantel M eingesetzt, der den Dampf zwingt, zuerst abwärts und dann durch den Ringraum aufwärts zu steigen. Der Mantel versieht demnach die Rolle eines Wasserabscheiders.

Zur Förderung des Dampfes aus dem Verdampfer V in den Kondensator K ist in Fig. 25 der Dampfstrahlejektor E angeordnet. Seine Ausführung verlangt besondere Sorgfalt, damit die Energieübertragung vom Betriebsdampf an den angesaugten Kaltdampf ohne zu große Verluste stattfindet. Zu diesem Zwecke durchströmt der Dampf ein Bündel Düsen und setzt darin seinen Wärmeinhalt in Strömungsenergie um. Die Düsen bilden Gruppen, von denen jede mit Mündungen in verschiedener Höhenlage versehen ist, damit sich das Mitreißen des Kaltdampfes auf verschiedene Stellen verteilt. Die Düsen zeigen nach der von de Laval eingeführten Form eine engste Stelle mit nachfolgender Erweiterung, die infolge des auftretenden großen Druckverhältnisses recht bedeutend ausfällt.

Nach dem Ausfluß gleitet der Betriebsdampf an dem zu fördernden Kaltdampf vorbei und reißt ihn durch Reibung mit sich in den Diffusor F und von da in den Kondensator K. Diese ganze Übertragung ist naturgemäß mit bedeutenden Verlusten verbunden, denen aber Vorteile, wie Einfachheit und Betriebssicherheit, gegenüberstehen.

Besonders schwerwiegend bei Verwendung eines Dampfstrahlejektors ist der Umstand, daß sich der angesaugte Dampf mit dem Betriebsmittel mischt und beide gleichermaßen zu kondensieren sind. Gegenüber einer Anlage ohne Ejektor muß daher eine viel größere Kühlwassermenge aufgewendet werden, wenn dasselbe Vakuum erzielt werden soll (etwa das Vierfache). Dieser Umstand ist nicht als Nachteil anzusehen, wenn Kühlwasser in unbeschränkter Menge in derselben Höhenlage zur Verfügung steht, in der sich der Apparat befindet. Eine Hebung dieser Wassermassen aus einer tieferen Lage würde aber die Wirtschaftlichkeit bald gefährden. Die Kälteeinrichtung ist daher besonders für Schiffe zweckmäßig, wo das Meerwasser zum Kühlen benutzt werden kann, das im Sommer eine Temperatur bis zu 32^0 C aufweist und in diesem Zustande für andere Kälteträger weniger geeignet ist.

Als Kondensator kann jede Bauart benutzt werden, wie sie bei Dampfmaschinen und Dampfturbinen in Gebrauch sind. In der schematischen Fig. 25 ist als besondere Art ein Oberflächenkondensator angedeutet. Ein solcher ist zur Erreichung eines hohen Vakuums gegenüber dem Mischkondensator vorzuziehen; ferner wird statt der Kolbenpumpe eine rotierende Luftpumpe mit Hilfsflüssigkeit gewählt, wenn der Antrieb durch Elektromotor erfolgen soll.

Auf Schiffen ist die Wasserdampf-Kältemaschine zur Herstellung kalten Wassers verwendet worden. In diesem Falle läßt sich ein Teil des gekühlten Wassers als Hilfsflüssigkeit in der Luftpumpe benutzen. Dadurch schrumpft die Luft im Saugraum mehr zusammen und wird durch Herabsetzen des Taupunktes entfeuchtet, die Pumpe hat somit ein kleineres Volumen zu fördern.

Zur Erreichung einer tiefen Temperatur im Verdampfer ohne entsprechende Erhöhung des Vakuums ist der Vorschlag entstanden, Luft von außen oder aus dem Kondensator in den Verdampfer zurückzuführen. Allein ein Vorteil kann darin vom Standpunkte der Thermodynamik nicht erblickt werden, da die Luft lediglich als Ballast anzusehen ist und eine beträchtliche Pumpenarbeit zu ihrer Fortschaffung verlangt; hierzu tritt noch der Nachteil, daß die rotierenden Luftpumpen mit einem recht bescheidenen Wirkungsgrad arbeiten.

Es ist im Gegenteil streng darauf zu achten, daß alle Flanschenverbindungen gegen die Außenluft gut abdichten; jede bezweckte oder unerwünschte Luftzufuhr vermindert den Wirkungsgrad der Kälteanlage.

Als Betriebsdampf für den Strahlapparat kann Dampf von hoher oder niedriger Spannung verwendet werden. Insbesondere ist Abdampf aus Maschinen ohne Kondensation zu benutzen. Ist dieses Betriebsmittel nicht erhältlich, so muß ein besonderer Niederdruck-Heizkessel aufgestellt werden. Dadurch ergibt sich die Möglichkeit, den Energiebedarf der Kälteanlage in der Sommerzeit aus demselben Dampfkessel zu beziehen, der im Winter die Heizung besorgt.

Für den vorliegenden Zweck kann nur gesättigter Dampf in Frage kommen, nicht aber überhitzter; vor der Benutzung in den Düsen ist der Betriebsdampf durch Einschalten von Wasserabscheidern möglichst sorgfältig zu trocknen.

Steht zur Förderung des Kaltdampfes elektrische Energie statt des Betriebsdampfes zur Verfügung, so ist an Stelle des Dampfstrahlejektors E ein Turbokompressor zu setzen; die übrige Einrichtung bleibt unverändert. Dabei erhält der Kondensator K bedeutend kleinere Abmessungen.

20. Berechnung der Wasserdampf-Kältemaschine mit Dampfstrahlejektor.

Als Ausgangspunkt für die Berechnung dient der Betriebsdampf von gegebenen Eigenschaften. In den Düsen gelangt das Betriebsmittel (Druck p) zur Expansion und setzt den Wärmeinhalt in Strömungsenergie um. Diese Zustandsänderung wird ausgedehnt bis zum niedrigen Druck p_2 im Verdampfer, der zur tiefen Temperatur T_2 des Kälteträgers gehört.

Der Zustand des Dampfes vor Eintritt in die Düsen sei durch Punkt P im Entropiediagramm Fig. 26 gekennzeichnet; da stets gesättigter Dampf zur Anwendung gelangt, liegt P in der Nähe der oberen Grenzkurve. Die Senkrechte PF bis zur Temperaturlinie T_2 stellt die adiabatische Expansion in den Düsen

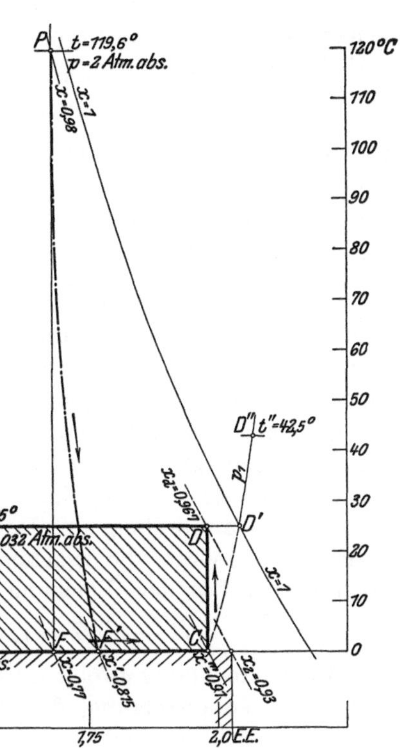

Fig. 26.

dar; der Unterschied der Wärmeinhalte des Anfangspunktes P gegenüber dem Endpunkt F gibt das theoretische Wärmegefälle

$$H_0 = J_1 - J_2,$$

das zur Erzeugung der theoretischen Ausflußgeschwindigkeit c_0 dient; sie wird aus der Gleichung berechnet

$$H_0 = A\,\frac{c_0^2}{2\,g}$$

oder $\qquad\qquad c_0 = \sqrt{19{,}62 \cdot 427}\,\sqrt{H_0} = 91{,}5\,\sqrt{H_0}.$

Wie die Lage des Endpunktes F zeigt, wird der Dampf im Verlauf der Expansion stark feucht.

Durch die zahlreichen Versuche an Dampfturbinen ist der Wirkungsgrad η_0 der Düsen genügend bekannt; er läßt sich auch durch Eichung der ausgeführten Düse leicht messen. Mit dieser Zahl ist das wirkliche Wärmegefälle

$$H = \eta_0\, H_0;$$

es bedeutet die im bewegten Dampf innewohnende Strömungsenergie. Die wirkliche Ausflußgeschwindigkeit beträgt daher nur

$$c = 91{,}5\,\sqrt{H}.$$

Der nicht umgesetzte Teil $(1 - \eta_0)\,H_0$ des Wärmegefälles trocknet den Dampf, er vergrößert also die spezifische Dampfmenge x am Ende der adiabatischen Expansion auf x', und zwar läßt sich dieser Wert aus der Gleichung

$$(1 - \eta_0)\,H_0 = r_2\,(x' - x)$$

berechnen, wo r_2 die Verdampfungswärme bedeutet, die zur Temperatur T_2 gehört. Der entsprechende Zustandspunkt ist durch F' gegeben, und die wirkliche Expansion verläuft nach der Kurve PF'.

Von der im Verdampfer vorhandenen Strömungsenergie H des Betriebsmittels gelangt nur ein Teil $\eta'\,H$ zur weiteren Verwertung, während der Rest $(1 - \eta')\,H$ eine zweite Trocknung des Betriebsdampfes durch Umwandlung in Reibungswärme beim Mitnehmen des Kaltdampfes besorgt; die zugehörige spezifische Dampfmenge x'' ergibt sich wieder aus der Gleichung

$$(1 - \eta')\,H = r_2\,(x'' - x').$$

Eine dritte Trocknung erfolgt durch Mischung der beiden Dampfarten unter der Voraussetzung, daß der Betriebsdampf immer noch etwas mehr Feuchtigkeit zeigt als der Kaltdampf. Der Einfluß der Mischung kann nicht mehr groß sein und läßt sich vorerst nur schätzen. Sobald die Gewichte G und G_0 des Kaltdampfes und des Betriebsmittels bekannt sind, sowie die spezifische Dampfmenge x_2 des ersteren, ergibt sich für den Wert x''' nach der Mischung

$$x''' = \frac{x''\,G_0 + x_2\,G}{G_0 + G}.$$

Die Anwendung dieser Gleichung am Schlusse der Rechnung zeigt uns, ob die Einschätzung richtig war.

Mit dem Wert x''' läßt sich der Anfangspunkt C der Kompression in das Entropiediagramm einzeichnen, und die Adiabate CD ziehen, wobei der Endpunkt D auf der Temperaturlinie T_1 liegt.

Der Unterschied der Wärmeinhalte der Punkte D und C ist wie früher der Wärmewert der Kompressionsarbeit

$$A L = i_d - i_c,$$

worin $\qquad i_d = i_1' + x_d\, r_1, \quad i_c = i_2' + x''' \cdot r_2.$

Beide Werte lassen sich entweder unmittelbar aus der Entropie-Tafel ablesen, oder nach Ausmessen des Wertes x_d am Ende der Kompression aus diesen Gleichungen berechnen.

Nun kann die Energiegleichung aufgestellt werden. Nach vollzogenem Mitreißen des Kaltdampfes steht noch eine Leistung von $\dfrac{G_0\, H\, \eta'}{632}$ PS zur Verfügung, um das Gemisch $G_0 + G$ zu verdichten und in den Kondensatorraum zu schieben. Auf jedes Kilogramm entfällt eine Arbeit $A L$ bei verlustfreier Kompression, tatsächlich aber $A L / \eta''$, wenn η'' der Wirkungsgrad der Umsetzung im Diffusor bedeutet. Es ist daher

$$\frac{G_0\, H\, \eta'}{632} = \frac{A L\, (G + G_0)}{\eta'' \cdot 632},$$

woraus sich das Verhältnis der Dampfgewichte ergibt

$$\frac{G_0}{G} = \frac{A L}{H \cdot \eta' \cdot \eta'' - A L}.$$

Im fernern ist die Kälteleistung Q_2 auf 1 kg des Kälteträgers zu bestimmen. Da der Kaltdampf fortwährend vom Ejektor in den Kondensator gefördert, also aus dem Kreislauf hinausgeworfen wird, muß dieses Wasser aus der Umgebung zugesetzt werden. Es tritt durch das Drosselventil in den Verdampfer ein. Die Temperatur t' des Wassers vor dem Ventil liegt etwas tiefer als diejenige t_1 im Kondensator und wird die gleiche Höhe aufweisen wie das ankommende Kühlwasser, da beide Mengen dem gleichen Ort entstammen. Die umlaufende Sole schafft wohl die einfallende Wärme (Kälteleistung) vom Ort der Kälteerzeugung zum Verdampfer, hat aber mit dem Kreislauf des Kälteträgers keinen weiteren Zusammenhang; als Kälteträger ist für den Prozeß nur das verdampfende Wasser anzusehen.

Mit der Temperatur t' des ankommenden Wassers ist der Anfangspunkt E der Drosselkurve $i_0 = \text{konst.}$ bestimmt. Der Endpunkt G dieser Kurve zeigt den Beginn der Verdampfung, das Ende derselben ist gegeben durch die spezifische Dampfmenge x_2 des Ansaugedampfes, die in der Nähe von 1 liegt, wenn für gute Wasserabscheidung gesorgt wird.

Mit x_2 ist der Wärmeinhalt am Ende der Verdampfung

$$i_2 = i_2' + x_2\, r_2$$

und damit die Kälteleistung Q_2 auf 1 kg des Trägers

$$Q_2 = i_2 - i_0,$$

wo i_0 den Wärmeinhalt des ankommenden Wassers bedeutet, entsprechend der Temperatur t'.

Die vorgeschriebene Gesamtkälteleistung Q auf die Stunde gibt nun das in derselben Zeit benutzte Gewicht des Kälteträgers, und zwar ist

$$Q = G \cdot Q_2,$$

womit auch das Gewicht G_0 an Betriebsdampf bestimmt ist.

Damit erhalten wir endlich als wichtigste Größe die Kälteleistung k auf 1 kg Betriebsdampf

$$k = Q/G_0.$$

Sie gibt uns die Güte der Energieausnutzung im Apparat an. Aus obigen Beziehungen ist auch

$$k = Q_2 \left(\frac{H\,\eta'\,\eta''}{A\,L} - 1 \right).$$

Man erkennt hieraus, daß diese Kälteleistung in hohem Grade beeinflußt wird von Verlusten beim Ansaugen und Fördern des Kaltdampfes. In dieser Leistungszahl k ist die Betriebsarbeit der Kondensationsanlage nicht mit berücksichtigt.

Die beleuchteten Verhältnisse können durch das nachfolgende Beispiel näher eingesehen werden.

Beispiel: Es soll eine Kälteleistung von $Q = 100\,000$ Cal/St erzeugt werden bei einer Temperatur der umlaufenden Sole von $t_2 = 0^0$ C, entsprechend einem Druck von $p_2 = 0,0063$ Atm. abs. Im Kondensator herrsche eine Temperatur von $t_1 = 25^0$ C, entsprechend einem Druck von $p_1 = 0,032$ Atm. abs., hervorgebracht durch Kühlwasser, das beim Eintritt $t' = 20^0$ C besitzt.

Zum Betrieb der Kälteanlage stehe gesättigter Dampf von $p = 2$ Atm. abs. mit $x = 0,98$ zur Verfügung (Punkt P, Fig. 26), entsprechend einem Wärmeinhalt von $J_1 = 636,6$ Cal/kg.

Durch Eintragen der Adiabate PF in das Entropiediagramm kann für den Endpunkt abgelesen werden

$$J_2 = 457,9 \text{ Cal/kg}, \qquad x = 0,77.$$

Demnach ist das theoretische Wärmegefälle

$$H_0 = J_1 - J_2 = 636,6 - 457,9 = 178,7 \text{ Cal/kg}$$

und ergibt eine theoretische Ausflußgeschwindigkeit aus den Düsen von

$$c_0 = 91{,}5 \cdot \sqrt{178{,}7} = 1220 \text{ m/sek.}$$

Mit einem Wirkungsgrad der Düsen von $\eta_0 = 0{,}85$ beträgt die wirkliche Strömungsenergie

$$H = 0{,}85 \cdot 178{,}7 = 152 \text{ Cal/kg}$$

und ergibt eine wirkliche Ausflußgeschwindigkeit von

$$c = 91{,}5 \sqrt{152} = 1130 \text{ m/sek.}$$

Der in den Düsen nicht umgesetzte Rest $H_0 (1 - \eta_0)$ erhöht die spezifische Dampfmenge $x = 0{,}77$ auf

$$x' = x + \frac{H_0 (1 - \eta_0)}{r_2} = 0{,}77 + \frac{0{,}15 \cdot 178{,}7}{594{,}7} = 0{,}815.$$

Die zweite Erhöhung dieser Größe erfolgt durch den Reibungsverlust beim Ansaugen des Kaltdampfes. Nimmt man $\eta' = 0{,}65$ an, bezogen auf den Energievorrat H des Betriebsdampfes im Verdampfer, so ist

$$x'' = x' + \frac{(1 - \eta') H}{r_2} = 0{,}815 + \frac{0{,}35 \cdot 152}{594{,}7} = 0{,}904.$$

Dieser Wert kann in Rücksicht auf die weitere Trocknung bei der Mischung aufgerundet werden auf

$$x''' = 0{,}91.$$

Damit läßt sich der Zustandspunkt C zu Beginn der Kompression einzeichnen, Fig. 26, ebenso die adiabatische Linie CD.

Für den Endpunkt D gibt die Figur $x_d = 0{,}967$; man erkennt, daß die adiabatische Kompression vollständig im Sättigungsgebiet verläuft. Die entsprechenden Wärmeinhalte betragen

am Ende der Kompression $\qquad i_d = 25 + 0{,}967 \cdot 581{,}5 = 588$

am Anfang der Kompression $\quad i_c = 0 + 0{,}91 \cdot 594{,}7 = 541$

Kompressionsarbeit auf 1 kg $\qquad\qquad\qquad\qquad A L = 47$ Cal/kg.

Nimmt man den Wirkungsgrad des Diffusors zu $\eta'' = 0{,}65$ an, so folgt für das Verhältnis der beiden Dampfgewichte

$$\frac{G_0}{G} = \frac{A L}{H \cdot \eta' \, \eta'' - A L} = \frac{47}{152 \cdot 0{,}65 \cdot 0{,}65 - 47} = 2{,}72.$$

Für die Bestimmung der Kälteleistung Q_2 auf 1 kg des Kälteträgers ist eine Annahme bezüglich der Beschaffenheit des anzusaugenden Dampfes zu machen. Da dieser Dampf trotz der Abscheidung noch etwas Feuchtigkeit enthalten wird, schätzen wir die spezifische Dampfmenge im Punkte H zu $x_2 = 0,93$,

daher $\qquad i_2 = 0,93 \cdot 594,5 = 553 \qquad i_0 = 20$

und $\qquad Q_2 = 553 - 20 = 533$ Cal/kg.

Das stündliche Gewicht an Kaltdampf ist nun

$$G = Q/Q_2 = \frac{100\,000}{533} = 187,5 \text{ kg/St}$$

und das stündliche Gewicht an Betriebsdampf

$$G_0 = 2,72 \cdot 187,5 = 510 \text{ kg/St.}$$

Endlich ergibt sich die Kälteleistung auf 1 kg Betriebsdampf

$$k = \frac{100\,000}{510} = 196 \text{ Cal/kg.}$$

Diese Zahl stimmt mit den von Leblanc angegebenen Versuchswerten gut überein, der für k bis zu 200 Cal/St gefunden hat. Es ist zu erwarten, daß durch Verbesserung des Energieumsatzes noch günstigere Ergebnisse sich erzielen lassen.

Nachträglich kann noch untersucht werden, ob die Schätzung der spezifischen Dampfmenge am Schluß der Mischung zutreffend war. Man findet jetzt

$$x''' = \frac{G_0\,x'' + G\,x_2}{G_0 + G} = \frac{510 \cdot 0,904 + 187,5 \cdot 0,93}{697,5} = 0,912,$$

was mit der Schätzung beinahe übereinstimmt.

Es erscheint auf den ersten Blick befremdend, daß der Wirkungsgrad des Energieumsatzes vom Betriebsdampf an den Kaltdampf mit $\eta' = 0,65$, also ziemlich günstig in Rechnung gesetzt worden ist. Zu beachten ist aber, daß dieses Verhältnis sich auf den Energievorrat des Betriebsdampfes bezieht, um auf diese Weise den Gang der Rechnung einfach zu gestalten. Würde man den Verlust auf 1 kg des Kaltdampfes umrechnen, so würde sich die Zahl ungünstiger zeigen.

Der im Diffusor auftretende Verlust bewirkt eine Abweichung der Kompression von der Adiabate nach rechts; der Dampf wird dadurch nicht nur getrocknet, sondern etwas überhitzt. Wie sich aus der Energiegleichung erkennen läßt, beträgt dieser Verlust auf 1 kg des zu fördernden Mittels

$$\frac{G + G_0}{G_0} \cdot \left(\frac{AL}{\eta''} - AL\right) = \frac{G + G_0}{G_0} \cdot \frac{1 - \eta''}{\eta''} \cdot AL = \frac{697,5}{510} \cdot \frac{0,35}{0,65} \cdot 47$$

$$= 34,6 \text{ Cal/kg.}$$

Hiervon darf etwa 20 v. H. = 7 Cal abgezogen werden für die durch Leitung abfließende Wärme.

Ferner ist bis zur völligen Trocknung eine Wärme nötig, die als Rechteckstreifen der Strecke DD' dargestellt ist. Der tatsächliche Verlauf der Kompression zwischen C und dem Endpunkte D' auf der Grenzkurve hat auf die Größe dieser Wärme keinen Einfluß. Sie beträgt

$$r_1(1 - x_d) = 581,5 \cdot 0,033 = 19,2 \text{ Cal.}$$

Für die Überhitzung bleibt nun noch übrig:

$$(t'' - t_1) \cdot 0,38 = 34,6 - 7 - 19,2, \quad t'' = 42,5^0 \text{ C.}$$

Der Dampf gelangt demnach mit einer Temperatur von $t'' = 42,5^0$ C in den Kondensator (Punkt D'', Fig. 26).

Aus den Angaben über den Betriebsdampf können die Querschnitte der Düsen berechnet werden.

Für den Querschnitt an der engsten Stelle gilt die bekannte Gleichung:

$$G_0 = 3600 \cdot 1,99 \cdot F \sqrt{\frac{p}{v}};$$

hierin ist am Eintritt in die Düse

$$p = 20000 \text{ kg/qm}, \quad v = 0,9 \text{ cbm/kg}, \quad \sqrt{\frac{p}{v}} = 149,$$

daher

$$F = \frac{510 \cdot 10000}{3600 \cdot 1,99 \cdot 149} = 4,78 \text{ qcm.}$$

Bei Verwendung von 30 Düsen erhält jede eine Bohrung von 4,5 mm.

Für die Berechnung des Endquerschnittes ist das spezifische Volumen

$$v = 0,813 \cdot 205 = 167 \text{ cbm/kg}$$

einzusetzen; dann ist

$$F' = \frac{G_0 \cdot v}{3600 \cdot c} = \frac{510 \cdot 167}{3600 \cdot 1130} \cdot 10000 = 209 \text{ qcm.}$$

Jede Düse erhält damit an der Mündung einen Durchmesser von 29,8 mm; die Erweiterung ist somit recht beträchtlich.

Das Beispiel zeigt deutlich den Einfluß der einzelnen Größen, insbesondere der Dampffeuchtigkeit und der Energieverluste. Durch kleine Verschiebungen in diesen Zahlenwerten ändert sich der Verbrauch an Betriebsdampf wesentlich. Man erkennt ferner die einfachen Mittel, die zur Förderung von großen Dampfvolumen in den Kondensator verwendet werden.

21. Berechnung der Wasserdampf-Kälteanlage mit Turbokompressor.

Die Verwendung des Turbokompressors statt eines Dampfstrahl-ejektors bringt den großen Vorteil, daß nur der Kaltdampf zu verdichten ist; der Kondensator und sein Energiebedarf wird daher bedeutend kleiner. Ein zweiter Vorteil bildet die Möglichkeit, die Verluste bei der Förderung des Kaltdampfes zu vermindern.

Allerdings bietet die Ausführung von Schaufelrädern für die vorliegende Aufgabe erhebliche Schwierigkeiten. Das für den Kompressor maßgebende Druckverhältnis ist trotz der ungemein kleinen absoluten Pressungen groß; es beträgt z. B. in voriger Aufgabe $\frac{0{,}032}{0{,}0063} = 5{,}1$. Soll dieses Verhältnis durch eine mäßig große Stufenzahl bewältigt werden, so ist die Umlaufzahl eines jeden Rades möglichst hoch zu wählen.

Die obere Grenze der zulässigen Umfangsgeschwindigkeit ist gegeben durch die Festigkeit des Rades und der Schaufeln. Leblanc vermeidet eine Scheibe überhaupt und steckt radial gerichtete Schaufeln in eine Verdickung der Welle, so daß in den Lamellen nur Zug auftritt, hervorgebracht durch die Fliehkräfte der eigenen Masse. Um das Eigengewicht der Schaufeln zu vermindern, ohne die Festigkeit wesentlich zu beeinträchtigen, wird als Material nicht Stahl verwendet, sondern ein Gewebe aus zähen Bastfasern (Ramiefäden), die mit essigsaurer, in Azeton gelöster Zellulose geleimt sind. Dadurch wird eine Zerreißfestigkeit von 30 kg/qmm erzielt, bei einer Dehnung von nur etwa 3 v. H. Das Gewebe soll sich in der Feuchtigkeit und in der Wärme gut bewähren, falls die Temperatur nicht über 100° steigt. Die Befestigung geschieht durch Keile, die in schwalbenschwanzförmige Nuten der Naben eingeschoben werden.

Auf die eigenartige Auswuchtung der elastischen Welle soll hier nicht eingetreten werden, sie findet sich in der angeführten Quelle ausführlich beschrieben.

Durch diese Maßnahmen ist es möglich, die verlangte Wirkung mit einem vierstufigen Turbokompressor zu erzielen, dessen größtes Rad eine Umfangsgeschwindigkeit von 500 m/sek erhält. Die Maschine läuft mit 30 000 Umdrehungen in der Minute, eine Zahl, die von de Laval an seinen kleineren Dampfturbinen angewendet worden ist.

Der aus dem Verdampfer aufsteigende Kaltdampf ist sorgfältig von Wasser zu befreien, so daß er trocken gesättigt in das erste Schaufelrad eintritt. Da sich der Dampf im Verlaufe der Kompression stark überhitzt, muß für ausgiebige Kühlung zwischen den einzelnen Stufen gesorgt werden.   Auf diese Weise vermindert sich der Arbeitsbedarf.

Die Berechnung des Turbokompressors unterscheidet sich im wesentlichen nicht von derjenigen der gewöhnlichen Formen.   Als einziges und ausreichendes Hilfsmittel dient die beigelegte Entropietafel für Wasserdampf, deren Benutzung die Lösung mit unübertreffbarer Klarheit ermöglicht[1]).

Die Umfangsgeschwindigkeit eines Schaufelrades ruft darin eine Druckzunahme Δp hervor, die sich aus der Gleichung ergibt:

$$\Delta p = \frac{\varphi \cdot u^2}{g \cdot v}.$$

Hierin ist v das mittlere spezifische Volumen des Dampfes während der Kompression, das vorerst aus der Entropietafel gefunden wird, indem man eine v-Linie zwischen den gegebenen Anfangspunkt A_1 (Fig. 27) und dem geschätzten Endpunkt E_1 legt. Die Vorzahl φ ist von der Schaufelform und hauptsächlich von den Reibungs- und Stoßverlusten abhängig; sie kann nur durch unmittelbare Messung auf dem Versuchsstande einwandfrei ermittelt werden.

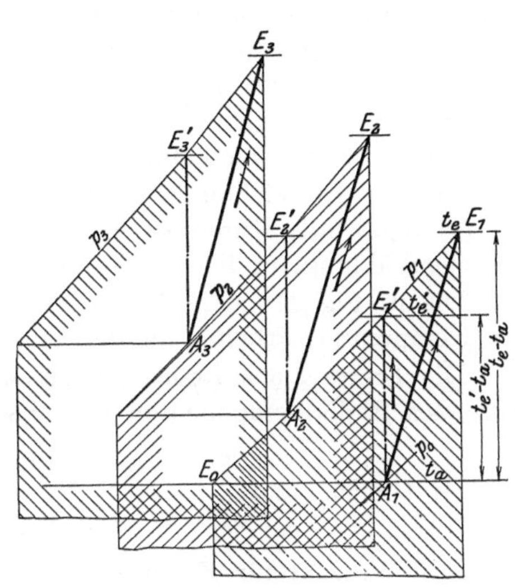

Fig. 27.

Schlägt man den Druckzuwachs $\Delta p = p_1 - p_0$ im ersten Rade zum Anfangsdruck p_0, so erhält man den Enddruck p_1 und trägt ihn sofort in die Entropietafel, wobei die Kurve für den Sättigungsdruck (Fig. 10, S. 14) gute Dienste leistet. Die verlustfreie Kompression verläuft nach der Adiabaten $A_1 E_1'$ senkrecht aufwärts. Durch Stoß und Reibung wird aber ein Teil der eingeführten Energie in Wärme umgesetzt und dadurch die Temperatur weiter erhöht. Deshalb zieht sich die tatsächliche Kompression nach rechts schräg aufwärts (Linie $A_1 E_1$), und es beträgt der Wirkungsgrad dieser Umsetzung gegenüber der Adiabaten:

$$\eta_{ad} = \frac{t_e' - t_a}{t_e - t_a}.$$

____

[1]) Siehe Ostertag, Theorie und Konstruktion der Kolben- und Turbokompressoren.

Durch Ablesen der Strecke $E_1'A_1 = t_e' - t_a$, sowie nach Wahl von η_{ad} ist t_e und damit der Endpunkt E_1 der Kompression bestimmt.

Der tatsächliche Energiebedarf dieser Stufe beträgt für 1 kg der Fördermenge:

$$A L_c = c_p (t_e - t_a).$$

Er ist dargestellt als schraffierter Flächenstreifen unter dem Kurvenstück $E_1 E_0$.

Diese Rechnung wiederholt sich bei jeder folgenden Stufe, bis man zum Enddruck gelangt, der gleich oder besser etwas größer sein soll als der vorgeschriebene Druck im Kondensator. Hat die Rechnung einen kleineren Druck ergeben, so muß die Stufenzahl erhöht werden, wobei man auch die Umfangsgeschwindigkeit den Verhältnissen etwas anpassen kann.

Bei der Einzeichnung der folgenden Stufen sind Annahmen für die Anfangstemperaturen zu machen, d. h. es muß die Wirkung der Zwischenkühlung im Kompressor eingeschätzt werden.

Die in Fig. 27 schraffierten Flächen bedeuten die Wärmewerte der Kompressionsarbeiten in den einzelnen Stufen.

Die Breite b des Rades am äußeren Umfang bestimmt sich mit Hilfe der Radialkomponenten der absoluten Austrittsgeschwindigkeit

$$c_2' = u \cdot \operatorname{tg} \delta_2$$

aus der Gleichung:

$$G \cdot v = 3600 \cdot \pi \cdot D \cdot b \cdot c_2' \cdot \mu,$$

wo μ die Vorzahl für Kontraktion und Schaufelverengung bedeutet und δ_2 den Winkel zwischen der absoluten Austrittsgeschwindigkeit und dem Umfang.

Da das spezifische Volumen des Dampfes mit zunehmendem Druck stark sinkt, ist für jede folgende Stufe die Umfangsgeschwindigkeit herabzusetzen, d. h. der Durchmesser zu verkleinern, sonst würde die Breite zu klein ausfallen.

Die beschriebenen Verhältnisse werden durch das nachfolgende Beispiel klargelegt.

Beispiel: Es soll die Kälteleistung von $Q = 100\,000$ Cal/St mit Hilfe eines Turbokompressors erzielt werden. Die Temperaturen im Kondensator und im Verdampfer sollen die nämlichen sein wie die im vorigen Beispiel ($t_2 = 0^0$ C, $t_1 = 25^0$ C).

Nimmt man am Ende der Kältewirkung trocken gesättigten Dampf an ($i = 595$ Cal.) und am Anfang Dampf mit $i_0 = 20$ Cal, so ist die Kälteleistung auf 1 kg des Stoffes

$$Q_2 = 595 - 20 = 575 \ \text{Cal/kg}.$$

Das Gewicht an Kaltdampf beträgt daher:

$$G = \frac{100\,000}{575} = 174\ \text{kg/St.}$$

Nach dem Vorschlag von Leblanc wählen wir $n = 30\,000$ Uml./Min. Ferner sei die Vorzahl φ in Rücksicht auf die Stoßverluste beim Eintritt in das Laufrad und beim Austritt aus dem Diffusor zu $\varphi = 0{,}4$ geschätzt.

Die Umfangsgeschwindigkeit von $u = 500$ m/sek verlangt einen Raddurchmesser von $D = 0{,}32$ m. Trägt man den Druck im Saugrohr $p_2 = 0{,}0063$ Atm. abs. in das Entropiediagramm ein (Fig. 28), so läßt sich ein mittleres spezifisches Volumen $v = 180$ m/sek ablesen; damit ist die Druckzunahme in der ersten Stufe

$$\Delta p = \frac{\varphi \cdot u^2}{g \cdot v} = \frac{0{,}4 \cdot 500^2}{9{,}81 \cdot 180} = 56{,}5\ \text{kg/qm}$$

und der Enddruck

$$p' = 0{,}0063 + 0{,}005\,65 = 0{,}011\,95\ \text{Atm. abs.}$$

Durch Aufsuchen der entsprechenden p-Linie im Diagramm und Ziehen der Senkrechten durch A_1 ergibt sich die Adiabate $A_1 E_1{}'$, und man erkennt, daß das benutzte spezifische Volumen dem Mittelwert zwischen den beiden p-Linien genügt, da die v-Linie zwischen den beiden p-Linien liegt.

Wählt man für den Wirkungsgrad der Umsetzung im Laufrad $\eta_{ad} = 0{,}6$, so ist die Höhe des Endpunktes E_1 über der unteren Temperaturlinie durch das Verhältnis der Strecke $\dot{E}_1{}'A_1$ zu η_{ad} gegeben. Man findet für die Ordinate des Punktes E_1:

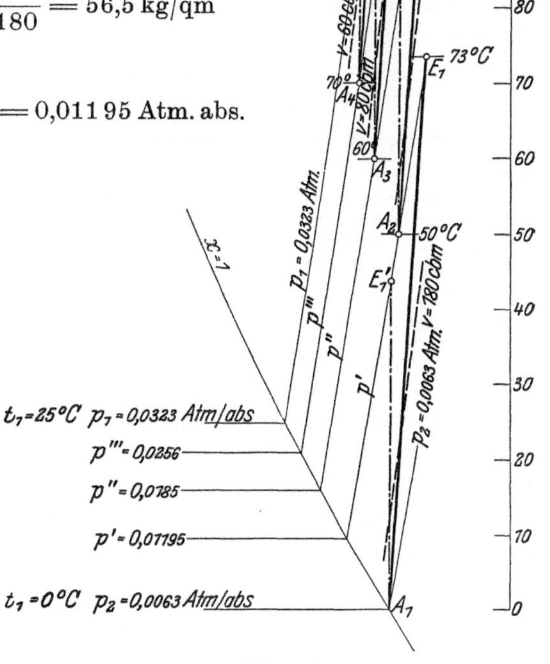

Fig. 28.

$$t_e = t_a + \frac{t_e{}' - t_a}{\eta_{ad}} = 0 + \frac{44}{0{,}6} = 73{,}5\,^0\text{C.}$$

Das Druckverhältnis der ersten Stufe beträgt

$$\frac{p'}{p_2} = \frac{0{,}01195}{0{,}0063} = 1{,}9,$$

was für ein einziges Schaufelrad als hoch bezeichnet werden muß.
Der Wärmewert der tatsächlichen Kompressionsarbeit ist

$$A L_c = c_p(t_e - t_a) = 0{,}48\,(73{,}5 - 0) = 35{,}3 \text{ Cal/kg}.$$

Der Winkel zwischen der absoluten Austrittsgeschwindigkeit und der Umfangsgeschwindigkeit betrage $\delta_2 = 10^0$, ferner $\mu = 0{,}9$; dann folgt für die Radbreite an der Austrittsstelle

$$b = \frac{G \cdot v \cdot 1000}{3600 \cdot \mu \cdot \pi \cdot D \cdot u \sin \delta_2} = \frac{174 \cdot 180 \cdot 1000}{3600 \cdot 0{,}9 \cdot 3{,}14 \cdot 0{,}32 \cdot 500 \cdot 0{,}176} = 11 \text{ mm}.$$

Führt man die Rechnung bei den folgenden Stufen in gleicher Weise durch, unter zweckmäßiger Verkleinerung der Durchmesser und Einschätzung der Anfangstemperaturen, so erhält man folgende Zusammenstellung:

Zahlentafel 8.

Turbokompressor, $n = 30000$.

Stufe	D m	u m/sek	v cbm/kg	Δp Atm. abs.	p Atm. abs.	Verhältnis der p	t_a °C	t_e °C	$A L_c$
I	0,32	500	180	0,00565	0,01195	1,90	0	73,5	35,3
II	0,28	440	120	0,00655	0,0185	1,54	50	109	28,4
III	0,24	375	80	0,00710	0,0256	1,38	60	107	22,6
IV	0,20	315	60	0,00670	0,0323	1,26	70	112	20,2
									106,5

Man erkennt, daß ein Enddruck erreicht wird, der etwas über dem Drucke im Kondensator steht; der vierstufige Turbokompressor genügt demnach den gestellten Anforderungen.

Mit einem mechanischen Wirkungsgrad von $\eta_m = 0{,}95$ findet sich der Energiebedarf

$$N_c = \frac{A L_c \cdot G}{632 \cdot \eta_m} = \frac{106{,}5 \cdot 174}{632 \cdot 0{,}94} = 30{,}8 \text{ PS}.$$

Die Kälteleistung auf 1 PS beträgt

$$K = \frac{100000}{30{,}8} = 3250 \text{ Cal/PS},$$

wobei wieder die Betriebsarbeit der Kondensatoranlage nicht inbegriffen ist. Sie ist aber gegenüber der Anlage mit Ejektor recht klein.

Das Druckverhältnis ist in der ersten Stufe am größten; seine Abnahme läßt sich in Fig. 28 erkennen, wo die p-Linien mit steigenden Werten einander in kleineren Abständen folgen. Man erhält auf diese Weise einen guten Überblick über die Wirkungsweise des Kompressors.

Die durchgeführte Rechnung ist insofern eine angenäherte, als das spezifische Volumen des Dampfes innerhalb einer Stufe nicht unwesentlich abnimmt. Wollte man die Aufgabe in dieser Richtung genauer verfolgen, so müßte die Druckzunahme in ein und demselben Rade weiter unterteilt und für jede Zunahme des Teildruckes das zugehörige Volumen eingesetzt werden. Zu dieser Aufgabe müßte eine Tafel mit noch größerem Maßstab zur Verfügung stehen. Da die Aufgabe mit der vorliegenden Tafel genügend verfolgt werden kann, um völlige Klarheit zu verschaffen, mag hiervon abgesehen werden.

Im übrigen wird es sich zur Verbesserung des Prozesses empfehlen, die Stufenzahl zu erhöhen, d. h. das Druckverhältnis jedes Rades zu verkleinern. Dadurch könnte man die Zwischenkühlung weit wirksamer einrichten.

IV. Kälteerzeugung unter Verwendung von Gasen.

22. Wirkungsweise der Kälteanlage.

Das Wesen der Kälteerzeugung unter Verwendung von Gasen als Kälteträger beruht auf der Tatsache, daß durch Expansion von Preßluft eine Arbeit nach außen abgegeben wird, die durch Umwandlung des inneren Wärmevorrates des Stoffes hervorgeht. Mit dem Druck sinkt daher auch die Temperatur. Hat das gespannte Gas vor Beginn der Ausdehnung die Temperatur der Umgebung angenommen, so ist die Abkühlung gegen das Ende der Expansion derart vorgeschritten, daß das Gas zur kräftigen Kältewirkung befähigt ist.

Als Einrichtung kann das in Fig. 5 (S. 8) für den idealen Kältevorgang gezeichnete Schema unmittelbar verwendet werden; eine Abweichung ist einzig im Wärmeaufnehmer V möglich.

Für den Kreisprozeß wird als Kälteträger wohl ausschließlich atmosphärische Luft verwendet, die kostenlos in beliebiger Menge vorhanden ist.

Die Luft wird im Kompressor KZ (Fig. 5) vom Druck p_0 auf p_1 verdichtet und erwärmt sich dabei. Im Kühlgefäß K findet die Ableitung der Wärme statt, so daß die Druckluft womöglich wieder die Anfangstemperatur annimmt. Sie strömt nun in den Expansionszylinder EZ, wo die Ausdehnung auf den Außendruck ohne Wärmezufuhr stattfindet und die gewünschte Temperatursenkung erreicht wird.

Für die Verwendung der aus dem Expansionszylinder ausfließenden Luft sind zwei Fälle denkbar. Läßt man die Luft den Kühlschlangen einer Soleleitung entlang streichen, so entnimmt die Kaltluft Wärme aus der Sole und führt sie dem Kompressor zu. Dieses Verfahren wird selten angewendet.

Eine zweite Verwendung besteht darin, daß die kalte Luft unmittelbar in den Kühlraum V ausgestoßen wird. In diesem Falle ist die in Fig. 5 im Raum V gezeichnete Kühlschlange wegzudenken. Die Luft fließt nach ihrer Erwärmung ins Freie ab und der Raum erhält stets neue Luft, so daß mit der Kühleinrichtung zugleich eine Lüftung verbunden ist. In dieser Zusammensetzung liegt der Vorteil dieses Kälteverfahrens.

Für die Kälteanlage an sich betrachtet ist es allerdings vorteilhafter, wenn der Kompressor dieselbe Luftmenge von neuem ansaugt, da dies meist bei einer tieferen Temperatur stattfinden kann als die Außenluft zeigt.

23. Der ideale Luft-Expansionsprozeß.

Die in Frage kommenden Zustandsänderungen lassen sich besonders deutlich im Entropiediagramm verfolgen, wozu sich die Entropietafel für Luft eignet[1]).

Ist der Zylinder des Kompressors am Ende des Saughubes mit Luft vom Druck p_0 und der Temperatur T_0 gefüllt (Punkt A_0, Fig. 29), so vollzieht sich beim Rückgang des Kolbens die Kompression, die adiabatisch vorausgesetzt werden soll. Sie ist beendet, wenn die Spannung auf den Betrag p_1 in der Druckleitung gestiegen ist, falls die Nebeneinflüsse unberücksichtigt bleiben. Der Endpunkt A_1 der Kompression ergibt sich daher als Schnittpunkt der Senkrechten durch A_0 mit der Linie konstanten Druckes (p_1-Linie). Aus dem Diagramm läßt sich die Ordinate T_1 ablesen, so daß man die Kompressionsarbeit aus der Gleichung

$$AL_c = c_p\,(T_1 - T_0)$$

---

[1]) Siehe Ostertag, Die Entropietafel für Luft und ihre Verwendung zur Berechnung der Kolben- und Turbokompressoren. Berlin 1910, Jul. Springer.

berechnen kann, worin c_p die spezifische Wärme der Luft bei konstantem Druck bedeutet.

Nun wird die verdichtete Luft in den Kühler geschoben und dort auf die Anfangstemperatur abgekühlt, ohne daß der Druck sinkt. Bei dieser Annahme ist die ganze der Kompressionsarbeit gleichwertigen Wärme $A L_c$ abzuführen. Diese Zustandsänderung wird durch die Strecke $A_1 E_1$ dargestellt und der unter dieser Strecke liegende Flächenstreifen bis zur Achse durch den absoluten Nullpunkt gemessen bedeutet die abgeführte Wärme oder die eingeleitete Arbeit (von links oben nach rechts unten schraffiert). Der Endzustand der auf die Temperatur der Umgebung gebrachten Druckluft wird durch Punkt E_1 dargestellt.

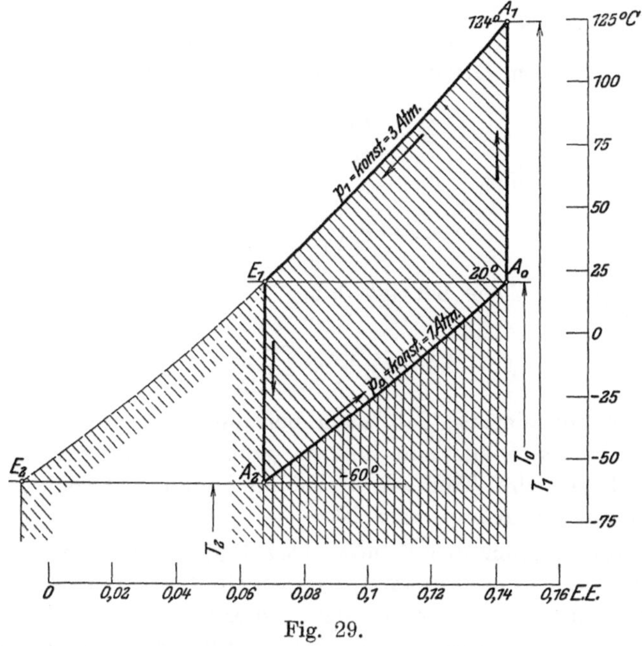

Fig. 29.

In diesem Zustand tritt die Preßluft in den Expansionszylinder, wo sie sich nach der adiabatischen Linie $E_1 A_2$ ausdehnt und dabei die Arbeit

$$A L_e = c_p \left(T_0 - T_2 \right)$$

verrichtet; von da fließt die zum Kälteträger gewordene Luft in den Kühlraum. Die gewonnene Arbeit wird in Fig. 29 dargestellt durch den Flächenstreifen unter der Strecke $E_1 E_2$ der denselben Inhalt wie der Streifen unter der Strecke $A_2 A_0$ aufweist. Man kann also die Fläche unter $E_1 E_2$ nach rechts verschieben bis sie sich mit der Fläche unter $A_0 A_2$ deckt und erhält damit das Bild des geschlossenen Kreisprozesses $A_0 A_1 E_1 A_2 A_0$. Die durch diesen Linienzug umschlossene Fläche ist der Überschuß der Kompressionsarbeit über die Expansionsarbeit, dieser Betrag wird demnach vom Kälteprozeß verbraucht.

Im Kühlraum kann sich die Kaltluft von T_2 auf T_0 erwärmen bei konstant bleibendem Druck p_0; die hierbei aufgenommene Wärme oder die Kälteleistung (senkrecht schraffiert) beträgt

$$Q_2 = A L_e = c_p (T_0 - T_2).$$

Der Wärmewert des Arbeitsbedarfes ergibt sich als Unterschied der Kompressionsarbeit über der Expansionsarbeit

$$AL = AL_c - AL_e = c_p (T_1 - T_0) - c_p (T_0 - T_2).$$

Nun ist bei gleichem Druckverhältnis für Kompression und Expansion

$$\frac{T_1}{T_0} = \frac{T_0}{T_2}.$$

Durch Einsetzen folgt

$$AL = c_p \left(\frac{T_1}{T_0} - 1\right) (T_0 - T_2).$$

Das Leistungsverhältnis beträgt daher

$$\varepsilon = \frac{Q_2}{AL} = \frac{T_0}{T_1 - T_0}.$$

Man ersieht hieraus, daß auch bei diesem Prozeß von der zugeführten Arbeitseinheit eine um so größere Kälteleistung erzielt wird, je kleiner die Temperaturerhöhung und die entsprechende Druckerhöhung im Kompressor ist.

Das Hubvolumen des Kompressorzylinders ist durch das spezifische Volumen v_0 im Punkt A_0 dargestellt; das Hubvolumen des Expansionszylinders entspricht dem spezifischen Volumen v_2 im Punkt A_2. Das Verhältnis der beiden spezifischen Volumen gibt uns das Größenverhältnis beider Zylinder; bei gleichem Hub und gleicher Umlaufzahl ist dies zugleich das Verhältnis der Zylinderquerschnitte, falls vom Einfluß der schädlichen Räume abgesehen wird:

$$\frac{F_c}{F_e} = \frac{v_0}{v_2} = \frac{T_0}{T_2}.$$

Bedeutet G das von Kompressor in der Stunde angesaugte Luftgewicht, so findet man die stündliche Kälteleistung aus

$$Q = Q_2 \cdot G$$

und die dazu nötige Betriebsarbeit

$$N = \frac{G \cdot L}{75 \cdot 3600} = \frac{G \cdot (A L)}{632}.$$

Auf 1 PS fällt daher an Kälteleistung in der Stunde

$$Q/N = 632 \cdot \varepsilon.$$

Beispiel: Luft im Ansaugezustand　$t_0 = 20^0$,　$p_0 = 1$ Atm. abs.
Mittlere spezifische Wärme $c_p = 0,239$.

Für diese Verhältnisse ergeben sich unter Berücksichtigung der veränderlichen spezifischen Wärme der Luft folgende Werte aus Fig. 29:

Zahlentafel 9.

Enddruck p_1		Atm. abs.		
		3	4	5
Endtemperatur der ad. Kompression t_1 . . . . . . ⁰ C		124	155	177
„　　　„　　„ Expansion t_2 . . . . ⁰ C		— 60	— 77	— 89
Kompressionsarbeit $A L_c$ . . . . Cal/kg		24,6	32,3	37,5
Expansionsarbeit $A L_e$ . . . . „		19,1	23,2	26,0
Eingeführte Arbeit $A L$ . . . . „		5,5	9,1	11,5
Leistungsverhältnis ε		3,47	2,55	2,26
Kälteleistung für 1 PS/St . . . . Cal/PS		2200	1610	1430

Die Zusammenstellung zeigt, daß dieser Kälteprozeß vom thermodynamischen Standpunkt aus wesentlich ungünstiger ist als der Dampf-Kompressionsprozeß.

24. Der wirkliche Verlauf des Gas-Kälteprozesses.

Die wirkliche Kompression vom gegebenen Anfangspunkt A_0 (Fig. 30) verläuft nicht adiabatisch, sondern es muß zur Überwindung der Kolbenreibung eine zusätzliche Arbeit aufgewendet werden, die in Wärme umgewandelt wird.　Daher steigt die Kompressionslinie $A_0 A_1$ vom Anfangspunkt A_0 ausgehend rechts von der Adiabaten aufwärts　Erst bei höher gewordener Temperatur kann das Kühlwasser im Zylindermantel etwas Wärme aus dem Zylinderinhalt abführen, weshalb die Kompressionslinie nach links abbiegt, bevor der Enddruck p_1 erreicht ist.

Eine zweite Abweichung ist der Spannungsabfall vom Kompressionszylinder zum Expansionszylinder, hervorgerufen durch die Bewegungswiderstände.　Ferner ist der Kühler häufig nicht befähigt,

die Preßluft bis zur Anfangstemperatur abzukühlen. Daher beginnt
die Expansion bei einem kleineren Druck p_1' als derjenige im Kompressor, und bei einer höheren Temperatur T_1' als in der freien
Atmosphäre, Punkt E_1.

Die Expansion wird beeinträchtigt durch die wärmeren Zylinderwandungen, die bei tiefer sinkender Temperatur etwas Wärme an
die arbeitende Luft abgeben; dadurch biegt die Expansionslinie $E_1 A_2$
nach rechts von der Adiabate ab. Alle diese Abweichungen tragen

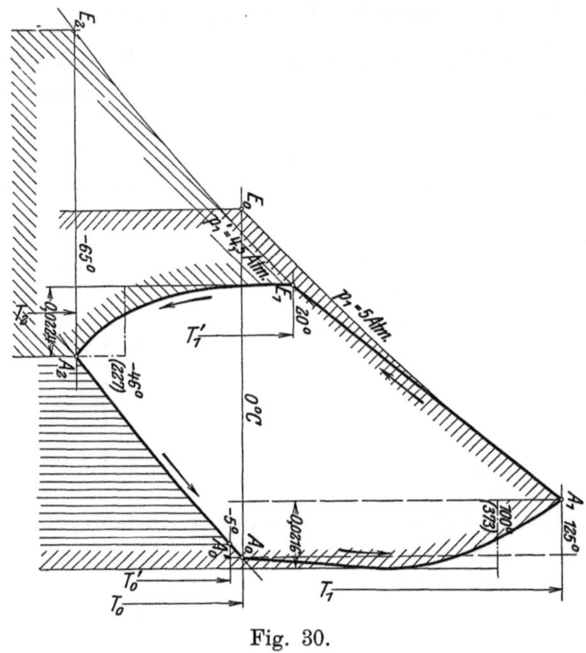

Fig. 30.

zur Vergrößerung der entsprechenden Entropiewerte bei und verkleinern die Kälteleistung.

Kann sich der Kälteträger im Kühlraum nicht ganz auf die
Temperatur T_0 der Außenluft erwärmen, so entweicht er bei einer
tieferen Temperatur T_0' ins Freie; dadurch wird die Kälteleistung
dem Unterschied $T_0 - T_0'$ entsprechend weiter verkleinert. Sie wird
in diesem Falle nur noch durch den Flächenstreifen unter dem
Kurvenstück $A_2 A_0'$ dargestellt.

Ist die Anlage im Betrieb, so können aus den Indikatordiagrammen die Kurven in das Entropiediagramm auf die bereits beschriebene Weise übertragen werden. Außerdem lassen sich die
Punkte E_1, A_0' und A_0 durch Messung von Druck und Temperatur
leicht eintragen.

Der Arbeitsbedarf als Unterschied der Kompressionsarbeit über der Expansionsarbeit wird hier nicht etwa durch die vom Kurvenzug $A_0 A_1 E_1 A_2 A_0$ umschlossene Fläche dargestellt, sondern es sind die Arbeiten beider Zylinder gesondert zu berechnen.

Die Arbeit des Kompressors setzt sich aus zwei Stücken zusammen; das eine entspricht der Fläche unterhalb der Linie $A_1 E_0$ und beträgt $c_p (T_1 - T_0)$; das andere Stück ist der Streifen zwischen der Senkrechten durch A_0 und der zu ihr parallelen Tangente an die Kompressionslinie. Bestimmt man mit dem Planimeter die mittlere Ordinate und multipliziert sie mit der Breite des Streifens, d. h. mit dem Entropie-Unterschied, so erhält man den Flächenstreifen im Wärmemaß.

Die Kälteleistung für 1 kg Luft (senkrecht schraffierte Fläche) beträgt

$$Q_2 = c_p (T_0' - T_2).$$

Ein einfaches Mittel zur Erhöhung der Leistungsziffer besteht darin, den Enddruck der Kompression klein zu wählen. Dadurch sinkt aber die Kälteleistung auf 1 kg Luft und man ist zur Erzielung einer bestimmten Kältewirkung gezwungen große Zylinder anzuwenden, wodurch die Anlagekosten wachsen.

Zur Verbefserung des Prozesses führt ferner die Anwendung eines zweistufigen Komprefsors; die Komprefsionsarbeit wird kleiner und der Einfluß des schädlichen Raumes vermindert.

Eine unangenehme Wirkung auf den Gang des Expansionszylinders hat die Feuchtigkeit der Luft.

Saugt der Kompressor Luft aus dem Kühlraum an, so ist diese Luft gewöhnlich mit Feuchtigkeit gefättigt. Während der Komprefsion wird sie wohl überhitzt, bei der Abkühlung scheidet sich aber Wasser aus dem kleiner gewordenen Luftvolumen aus, das mit Feuchtigkeit gesättigt bleibt. Daher tritt während der nun folgenden Expansion eine Übersättigung ein, d. h. die Feuchtigkeit scheidet sich als Schnee aus.

Zur Vermeidung dieses Niederschlages sind verschiedene Vorschläge entstanden. Die Expansion kann in zwei Zylindern vor sich gehen; im ersten kühlt sich die Luft nur bis etwa 0° C ab und scheidet Wasser aus, das nun entfernt wird bevor die Luft im zweiten Zylinder arbeitet.

Häufig genügt auch eine mechanische Trennung der Wasserteilchen von der Luft beim Verlassen des Kühlers. Allerdings bleibt die als Dampf aufgelöste Feuchtigkeit in der Luft und bildet etwas Schnee, der aber für den Betrieb nicht mehr nachteilig ist.

Ein anderes Mittel besteht in der weiteren Abkühlung der aus dem Kühler tretenden Preßluft bis gegen 0^0 C. Dazu benutzt man die aus dem Kühlraum kommende Luft; sie wird um Trocknungsröhren geleitet, in denen die Preßluft fließt. Durch diesen schon von William Siemens vorgeschlagenen Temperaturwechsler scheidet sich die Feuchtigkeit vor Beginn der Expansion als Wasser aus.

Beispiel: Kaltluft-Anlage.

Es soll eine Einrichtung zur Erzeugung kalter Luft erstellt werden mit einer Kälteleistung von

$$Q = 10\,000 \text{ Cal/St.}$$

Für die Druck- und Temperaturverhältnisse liegen die in Fig. 30 eingeschriebenen Annahmen zugrunde. Der Kompressor saugt die Luft aus dem Kühlraum an, und zwar beträgt die Temperatur an der Entnahmestelle $t_0' = -5^0$ C (A_0'), bei Beginn der Kompression sei sie auf 0^0 C gestiegen (A_0). Die Verdichtung erfolge nach der Kurve $A_0 A_1$ auf 5 Atm. abs. Der Kühler kann die Druckluft von 125^0 auf 20^0 abkühlen; durch Widerstände gehen 0,5 Atm. verloren bis die Luft im Expansionszylinder arbeiten kann. Damit ist der Anfangspunkt E_1 der Expansionslinie $E_1 A_2$ bestimmt, durch die eine Endtemperatur von $\cdot t_2 = -65^0$ C erreicht wird. Von A_2 nach A_0' vollzieht sich die Kältewirkung.

Für die Arbeit im Kompressionszylinder ist aus der Figur

$$AL_c = 0,239\,(125 - 0) + 0,0216 \cdot 373 = 37,9 \text{ Cal/kg.}$$

Für die Arbeit des Expansionszylinders (Fläche unter dem Linienzug $A_2 E_1 E_2$)

$$AL_e = 0,239\,(20 + 65) + 0,0224 \cdot 227 = 25,4 \text{ Cal/kg.}$$

Der Arbeitsbedarf beträgt daher

$$AL = 37,9 - 25,4 = 12,5 \text{ Cal/kg.}$$

Ferner ist die Kälteleistung auf 1 kg Luft

$$Q_2 = 0,239\,(65 - 5) = 14,34 \text{ Cal/kg,}$$

womit sich die Leistungsziffer auf $\varepsilon = \dfrac{14,34}{12,5} = 1,15$ stellt. Die Kälteleistung auf 1 PS beträgt damit

$$\frac{Q_2}{N} = 632 \cdot 1,15 = 727 \text{ Cal/PS.}$$

Die in der Stunde umlaufende Luftmenge ist

$$G = \frac{10\,000}{14,34} = 697 \text{ kg/St}$$

und der indizierte Arbeitsbedarf

$$N_i = \frac{10\,000}{727} = 13,8 \text{ PS.}$$

Bei einem mechanischen Wirkungsgrad von $\eta_m = 0,9$ wird der gesamte Energiebedarf

$$N_e = \frac{13,8}{0,9} = 15,3 \text{ PS.}$$

Sieht man vom Nachteil des verhältnismäßig großen Energiebedarfes ab, so zeigt die Kaltluftmaschine als Vorteil große Einfachheit und Betriebssicherheit. Ihre Verwendung ist berechtigt für kleinere Ausführungen, wenn lediglich kalte Luft herzustellen ist; die Wärmeübertragung durch Rohrschlangen an den Kälteträger kommt dabei in Wegfall.

Additional material from *Berechnung der Kältemaschinen auf Grund der Entropie-Diagramme,*
ISBN 978-3-642-90216-1, is available at http://extras.springer.com